4ᵉ Fascicule

ESSAI DE CLASSIFICATION

DES

LÉPIDOPTÈRES

PRODUCTEURS DE SOIE

PAR

M. L. SONTHONNAX

Extrait des *Annales du Laboratoire d'Études de la Soie*
Vol. 11 — 1901-1902

LYON
A. REY & Cⁱᵉ, IMPRIMEURS-ÉDITEURS
4, RUE GENTIL, 4

1904

ESSAI DE CLASSIFICATION

DES

LÉPIDOPTÈRES PRODUCTEURS DE SOIE

(4ᵉ Fascicule)

ESSAI DE CLASSIFICATION

DES

LÉPIDOPTÈRES

PRODUCTEURS DE SOIE

(1er Fascicule)

PAR

M. L. SONTHONNAX

Extrait des *Annales du Laboratoire d'Études de la Soie*
Vol. 11 — 1901-1902

LYON
A. REY & Cie, IMPRIMEURS-ÉDITEURS
4, RUE GENTIL, 4
—
1904

ESSAI DE CLASSIFICATION

DES

LÉPIDOPTÈRES PRODUCTEURS DE SOIE

(4e Fascicule)

GENRE. — **Perisomena.**

WALK. *Cat. Lep. Het,, B, M.*, VI, p. 1276, 1855.

1. **Perisomena Caecigena**, KUPIDO *(Saturnia C.)*, *Neuent-
declktes Nachtpfauenaugue*, 1825.

S. Caecigena *Dup. Lep. France, Suppl.*, p. 107, pl. 10, fig. 1 et 2, 1836.

Patrie : Sud-Est de l'Europe. Asie Occidentale.

Envergure: mâle, 8 à 9 cm. 1/2; femelle, 0 cm. (Pl. XVII, fig. 3 et 4.)

La vestiture des ailes est assez faible, surtout sur les ailes inférieures qui paraissent semi-transparentes.

Mâle. Couleur foncière jaune de chrome plus ou moins pâle ; ailes supérieures : rayure interne arquée d'un brun pâle rosé, externe brune en festons, côte antérieure d'un rose saumon, lisérée intérieurement et postérieurement de poils bruns.

Zone externe rose dans sa moitié longitudinale, jaune dans son autre moitié ; la portion supérieure de la zone médiane est parsemée de poils bruns ; tache de l'aile : une ligne hyaline au centre d'un cercle rose sombre auréolé d'un anneau étroit rose dans sa moitié interne, brun dans son autre moitié.

Ailes inférieures : rayure interne festonnée, tache de l'aile plus petite, le restant de l'aile comme sur les supérieures.

Corps jaune, thorax bordé en avant d'un collier de poils roses ; antennes fauves très grandes et très larges.

Femelle. Antennes unipectinées et dents courtes.

Couleur générale gris rosé, thorax jaunâtre bordé antérieurement de gris rosé semblable à celui de la côte. Les ailes sont un peu plus arrondies vers l'apex et la marge un peu plus convexe ; l'ornementation des ailes est semblable, mais la zone interne des ailes antérieures est parsemée de poils bruns dans sa presque totalité, et la moitié interne de la zone externe est parsemée de poils bruns au lieu d'être rose, comme elle est chez le mâle. Le cocon mesure environ 3 centimètres de longueur, de couleur brune, à réseaux très fins, mais laissant voir la chrysalide dans son intérieur.

Collection du Laboratoire.

Genre. — **Cirina**.

WALK. *Cat. Lep. Het. B. M.*, VI, p. 1382, 1855.

1. Cirina forda, WESTWOOD *(Saturnia F.)*, *Proc. Zool. Soc. Lond.*, 1840, p. 52.

Bunœa Forda, Walk, *Cat. Lep. B. M.*, p. 1238, 1855.
Perisomena Semicœca, Walk, *Loc. cit.*, p. 1277, 1855.
Cirina Semicœca   —   —   p. 1382.
Sculna invenusta, Wallengr., *Wien. Ent. Mon*, IV, p. 168, 1860.
Cirina cana, Feld, *Reis d. Novara, Lep.*, IV, pl. 88, fig. 3, 1874.

Patrie : Natal, Transvaal, Nord de l'Abyssinie.

Envergure: mâle, 9 à 9 cm. 1/2 ; femelle, 10 cm. (Pl. XXIV, fig. 1 et 2.)

Couleur générale gris brunâtre pâle, légèrement teintée de rose, à reflets soyeux.

Mâle. Ailes antérieures avec marge légèrement cintrée, pas de rayure interne. La zone externe est de couleur plus brune que les deux autres zones, qui sont de couleur uniforme ; la tache est réduite à une simple petite lunule minuscule hyaline, externe et en haut de la nervure intercostale ; rayure externe brunâtre, droite, assez mince. Les ailes inférieures sont marquées sur le milieu de la marge d'un angle saillant ; la tache sur ces ailes est petite, formée d'une lunule vitrée indistincte au centre d'un petit cercle de couleur sombre. Antennes brun foncé, ayant les 5 ou 6 derniers articles sans pectination. Thorax gris fauve. Abdomen jaunâtre.

Femelle. Antennes à dents très courtes, paraissant impectinées. Coloration plus rougeâtre et plus claire ; les ailes antérieures ont leur marge non incurvée et les inférieures ont leur marge légèrement angulée à la place de la saillie que l'on remarque chez le mâle.

Les mâles ont sur le dessous des ailes inférieures une petite tache ovale allongée, brunâtre près de la base, comme cela se remarque dans le genre *Bunœa*; mais les femelles que nous avons pu étudier sont dépourvues de cette marque, malgré la description de Westwood, qui signale sa présence dans les deux sexes. Le type de *C. cana*, de Felder, actuellement dans la collection de M. W. Rothschild, est un mâle de cette espèce, de taille plus petite, plus rougeâtre et un peu elfilée.

2. Cirina similis, DISTANT, *Proc. Ent. Soc. London*, 1897.

Patrie : Gambie, Transvaal.

Envergure : mâle, 11 cm. 7 ; femelle, 11 à 12 cm. 8.

Voisin de *C. Forda*, mais beaucoup plus large dans les deux sexes ; la femelle ne présente aucune angulation sur les ailes inférieures ; la tache des ailes inférieures est plus au centre de l'aile et par conséquent moins rapprochée de la rayure externe.

D'après M. Distant, cette espèce se prend en même temps que l'autre à Prétoria.

Il nous paraît difficile d'admettre l'existence de ces deux espèces, ayant vu des individus intermédiaires dans diverses collections.

Espèce assez commune.

GENRE. — Salassa.

MOORE, *Proc. Zool. Soc. Lond.*, 1859, p. 246.

Antennes de plus de quarante articles, bipectinées.

Ailes larges, taches des ailes anguleuses ou réniformes.

Ailes antérieures avec marge à peine incurvée chez les mâles, presque droite chez les femelles, apex anguleux, tarses nus.

Palpes dépassant légèrement la tête.

1. Salassa Lola, WESTWOOD (*Saturnia L.*), *Cab. ov. Ent.*, p. 25, pl. 12, fig. 3, 1848.

Salassa Lola, Moore, *Proc. Zool. Soc. Lond.*, 18:9, p. 246.

Patrie : Sikhim. Silhet.

Envergure : mâle, 11 cm. 1/2 ; femelle, 12 à 15 cm. 1/2. (Pl. II, fig. 1.)

Antennes de plus de quarante articles, bipectinées, à denticules peu
ciliés, de couleur fauve. Tête, thorax et abdomen rouge brique, ainsi
que les ailes antérieures, rayure interne légèrement convexe, brune,
un peu nébuleuse ; externe brune, étroite, légèrement festonnée, accompagnée extérieurement et dans chaque creux des festons d'une
petite tache arquée hyaline ; zone externe rouge brique, traversée dans
sa longueur par une fascie dentelée d'un brun moins rouge, limitée
sur son côté extérieur par une ligne festonnée brune ; vers la côte et
vers l'apex un espace gris. Tache vitrée subtriangulaire, un peu irrégulière, relativement petite, non auréolée.

Ailes inférieures de couleur légèrement moins rouge, plus jaunâtre ;
les deux rayures s'élargissent dans la moitié antérieure de l'aile et se
réunissent en formant une crosse noire bleuâtre enveloppant presque
complètement la tache.

Cette dernière a un point central hyalin presque triangulaire au
milieu d'un cercle noir, entouré d'un anneau blanc terne et
d'un autre anneau rouge vermillon, la rayure externe présente comme
sur l'aile supérieure une suite de points lenticulaires hyalins sur son
côté externe.

Tarses et tibias bruns supérieurement, gris inférieurement, palpes
brun foncé.

La femelle est d'un brun sombre plus ou moins recouvert de poils
rougeâtres.

Le cocon est formé de quelques fils de soie réunissant des feuilles
et de petits morceaux de bois ; il n'est d'aucun intérêt au point de vue
industriel.

2. **Salassa Olivacea**, Oberthür *(Saturnia O.), Études d'Ento-*
    mologie, XIII, p. 44, pl. 10, fig. 107, 1890.

    Rhodia Olivacea, Kirby, *Syn. Catal,* 1895.

Patrie : Mandchourie.
Envergure : 11 centimètres. (Pl. I, fig. 1.)
Coloration foncière brun olivâtre ; zones externes plus claires.
Mâle. Corps allongé. Thorax couvert de longs poils olivâtres.
Ailes antérieures : zone interne olivâtre. Rayure interne continue
formée de deux bandes adjacentes : une bande interne blanche et
une externe brun noir. Zone médiane olivâtre passant au roux foncé

SATURNIENS

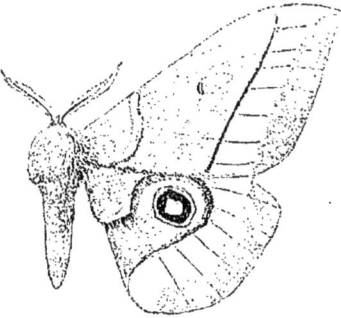

Fig. 1.

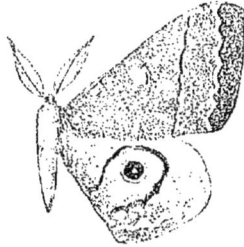

Fig. 2.

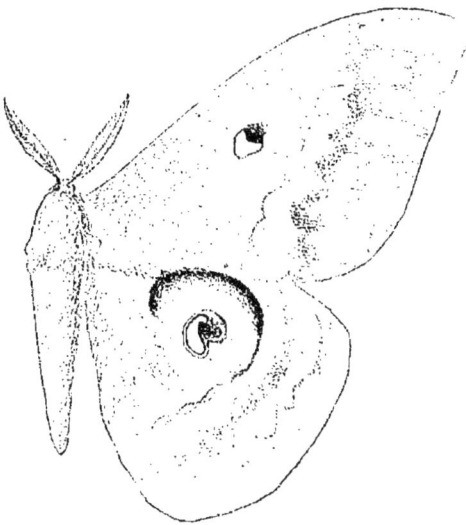

Fig. 3.

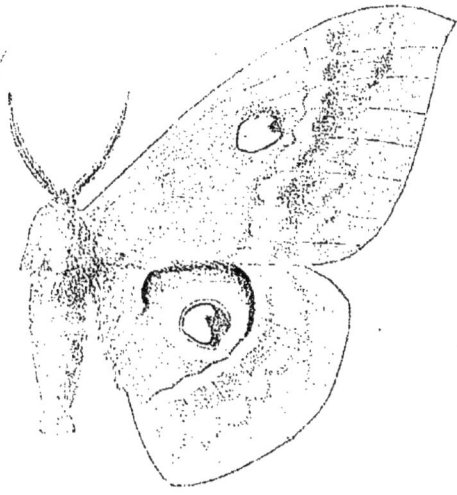

Fig. 4.

Fig. 1. *Salassa Olivacea*, Oberthür.
— 2. *Salassa Royi*, Elwess.

Fig. 3. *Salassa Megastica*, Leech., mâle.
— 4. —   —   femelle.

SATURNIENS

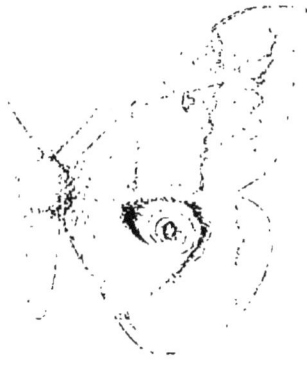

Fig. 1.

Fig. 2.

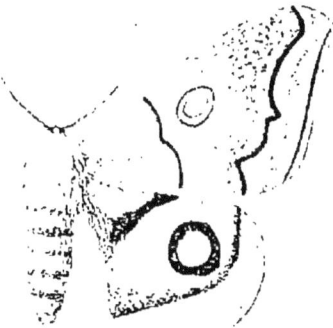

Fig. 3.

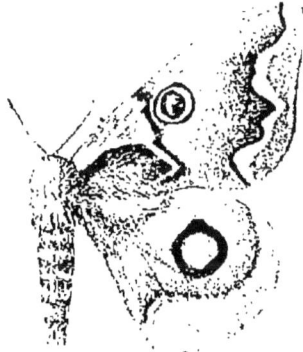

Fig. 4.

Fig. 1. *Salassa lola*, Westwood. Fig. 3. *Polythysana rubrescens*, var. Androméda, Blanchard.
 — 2. *Polythysana Andromeda*, Philippi. — 4. — *rubrescens*, Blanchard.

dans sa région apicale. Un ocelle arrondi avec une bordure du côté interne seulement ; cette bordure comprend trois courtes bandes adjacentes qui sont de l'extérieur à l'intérieur noire, blanchâtre, brun roux. Rayure externe droite formée de deux bandes adjacentes, dont une extérieure blanche et une interne noirâtre qui, dans sa moitié supérieure, s'atténue jusqu'à presque disparaître. Zone externe sans ligne en zigzag saillante, se subdivisant vaguement en deux bandes transversales, dont l'interne est plus riche en squamules brun roux.

Ailes postérieures : zone interne un peu plus claire que dans les supérieures ; rayure interne simplement noirâtre. Zone médiane olivâtre et blanchâtre dans sa moitié supérieure qui entoure l'ocelle. Ocelle gros, arrondi, composé d'une tache hyaline entourée d'un anneau noir, d'un cercle blanchâtre, puis d'un cercle noir. Rayure externe arrondie en demi-cercle dans sa moitié supérieure et composée de deux bandes adjacentes : une externe blanche et une interne noire, plus large dans sa moitié supérieure. Zone externe comme sur les ailes supérieures.

Collection Ch. Oberthür.

3. **Salassa Royi**, Elwess *(Anteraea R.), Proc. Zool. Soc. London*, 1887, p. 447. *Trans. Ent. Soc. London*. 1888, p. 46, pl. 8, fig. 2.

Salassa Royi, Côtes. *Ind. M. Notes.* II, p. 83, pl. 12, fig. 2, 1891.

Patrie : Sikim.

Envergure : mâle, 14 cm.; femelle, 15 cm. 1/2. (Pl. I, fig. 2.)

Mâle. Couleur générale brun rougeâtre foncé parsemé de squamules olivâtres, antennes longues d'un fauve brun.

Ailes supérieures : rayure interne à peine visible ; rayure externe parallèle à la marge, brune, étroite, légèrement festonnée, quelquefois bordée extérieurement par une ligne à peine visible, hyaline, ou, si celle-ci manque, faiblement lisérée de blanc. Zone externe traversée dans sa longueur par une bande en festons anguleux, clairement parsemée de squamules blanchâtres.

La tache vitrée est presque ronde, d'une transparence jaunâtre, entourée d'un cercle de squamules blanchâtres.

Ailes inférieures de coloration plus claire vers le bord antérieur, les deux rayures se réunissent au delà de la tache, l'externe est comme sur les supérieures faiblement lisérée par une ligne transparente où par une fine lisière blanchâtre.

La tache hyaline est petite au centre d'un cercle large noir, ce dernier annelé de blanc et de noir.

Thorax un peu plus clair que l'abdomen. Chez la femelle, la couleur générale est plus rougeâtre, mais toujours parsemée de poils olivâtres.

Collections W. Rothschild et Oberthür.

4. Salassa Thespis, Leech (*Antheraea T.*), *Ent.* XXIII, p. 112, 1890.

Salassa Megastica. Swinhoë, *Trans. Ent. Soc. Lond.*, 1894, p. 153.

Patrie : Ichang, Khasia Hills, Assam.

Envergure : 15 à 16 centimètres. (Pl. I, fig. 3 et 4.)

Mâle. Antennes brunes à plus de quarante articles, bipectinées, mais à pectination irrégulière ; la dent basilaire de chaque article est longue, recourbée à son extrémité et la dent terminale est droite ; à la base des antennes se remarquent des poils blancs.

Palpes longs dépassant le chaperon, à dernier article petit et triangulaire. La couleur du fond est le brun rouge plus ou moins fortement parsemé, selon les parties des ailes, de poils d'un rouge d'ocre vif.

Thorax et abdomen de cette dernière couleur, mais le métathorax est frangé de poils blancs ; en dessous, l'abdomen est brun pourpre foncé et le corps d'un brun olivâtre.

Ailes supérieures à rayure interne convexe, festonnée, arquée, formée de poils blancs assez clairsemés, zone médiane d'un brun foncé rougeâtre sur la côte et près des limites de la rayure interne ; du côté de la rayure externe elle est d'un rouge brique éclatant. Tache vitrée d'une transparence d'ambre, pentagonale, ayant un angle rentrant sur son côté externe, très finement lisérée de noir, puis de blanc. Rayure interne un peu convexe dans sa partie supérieure, parallèle à la marge en dessous, étroite, à festons anguleux, d'une couleur fondamentale, les deux festons inférieurs accompagnés extérieurement de poils blancs.

En regardant l'insecte contre le jour, on aperçoit des points semi-transparents dans le creux de chaque feston.

La zone externe est d'un rouge brique, traversée longitudinalement par une bande festonnée de la couleur du fond ; cette bande se termine vers la côte par un élargissement de couleur jaunâtre du côté de la rayure externe et qui devient blanc vers l'apex.

Ailes inférieures : tache vitrée plus grande ; les côtés du pentagone de la tache supérieure s'arrondissent sur cette aile et cette tache devient réniforme ; elle est plus fortement lisérée de noir et de blanc et se trouve inscrite dans un espace rouge brique vif.

Rayure interne sinueuse, blanche, lisérée de noir dans sa partie supérieure, elle s'arrondit pour s'unir à la rayure externe qui est d'un noir bleuâtre bordé de blanc extérieurement ; entre chaque feston de cette rayure se remarquent des taches lenticulaires hyalines incolores. Le dessous est d'un brun violacé, parsemé de poils blancs, rayures externes très étroites, indiquées par des poils blancs. La zone externe a les poils rouges remplacés par des poils jaunes mélangés de poils blancs.

Femelle. Articles des antennes simplement et courtement pectinés, la tache vitrée des ailes supérieures est plus grande que chez le mâle et la rayure externe est presque contiguë à cette tache, tandis qu'elle en est assez éloignée dans l'autre sexe.

Cette espèce varie du brun foncé recouvert de poils rouge brique au brun foncé recouvert de poils blancs jaune brun verdâtre, sauf un peu avant et au delà de la tache où la teinte brique persiste toujours.

Collection B. M. et Laboratoire.

GENRE. — **Rhodia**.

F. MOORE, *Proc. Zool. Soc. London*, 1872, p. 578.

Ailes amples, allongées, côtes des ailes antérieures arrondies et falquées vers l'apex chez le mâle ; ailes postérieures arrondies extérieurement ; corps épais, court, antennes bipectinées jusqu'au sommet. Ocelles hyalins, ovales. Cocons en forme de sacs pendant aux branches.

1. **Rhodia, Diana**, OBERTH. *Bull. Soc. Ent. France* 1886 p. XLVIII.

Patrie : Mandchourie.

Envergure : mâle, 10 cm.; femelle, 9 cm. (Pl. IV, fig. 2 et 3.)

Femelle. Coloration foncière jaune. Corps trapu, thorax couvert de poils jaunes. Antennes unipectinées.

Ailes antérieures : zone interne jaune, rayure interne formée de deux tronçons brun roux, dont les extrémités sont séparées sur la nervure médiane par un intervalle. Zone médiane jaune. Gros ocelle arrondi, hyalin, bordé de quelques squamules noirâtres. Rayure externe brun roux, en ligne légèrement festonnée. Zone externe divisée en deux par la ligne en zigzag ; une portion interne parsemée de squamules noirâtres et une portion externe jaune vers l'apex, la ligne en zigzag se termine par un court tronçon rouge contre l'extrémité d'un arc étroit noir, légèrement bordé de blanc vers l'extérieur.

Ailes inférieures : zones internes et médianes jaunes, rayure interne continue, brun roux. Ocelle un peu plus petit que sur les ailes supérieures, bordé d'un cercle jaune clair, puis d'un cercle noirâtre. Zone externe jaune ; la ligne en zigzag n'est pas saillante ; toute la région limitée par cette ligne et la nervure interne est couverte de squamules brun roux.

Mâle. Coloration foncière rouge brique devenant rouge brun noir sur les zones externes.

Thorax couvert de longs poils rouges. Antennes bipectinées.

Ailes antérieures : zone interne rouge brique, rayure interne en deux tronçons noirs. Zone médiane rouge brique, s'assombrissant graduellement vers l'extérieur. Ocelle en triangle équiléral, à sommets arrondis, hyalin, bordé légèrement de blanc. Rayure externe à peine visible, disparaissant dans le rouge brun noir de la zone externe. Vers l'apex, un demi-cercle hyalin bordé intérieurement d'un large arc rouge brique, avec un arc identique en dessous.

Ailes postérieures : rayure interne continue, peu visible, ocelle arrondi plus petit que sur les ailes antérieures ; la zone interne et la portion postérieure de la zone médiane chargées de poils rouge brique. Le reste de l'aile comme sur les ailes antérieures.

Collection C. Oberthür.

2. **Rhodia Davidi**, OBERTH. *Étude Ent.* 1886, p. 31.

Patrie : Thibet.

Envergure : femelle, 13 cm. (Pl. IV, fig. 1.)

Coloration foncière jaune très chargée sur les zones internes et médianes de brun roux.

Mâle. Antennes très élargies, corps couvert de poils jaunes.

Ailes antérieures : zone interne jaune couverte d'écailles brun roux

SATURNIENS

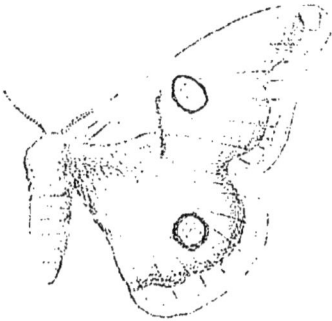

FIG. 2.

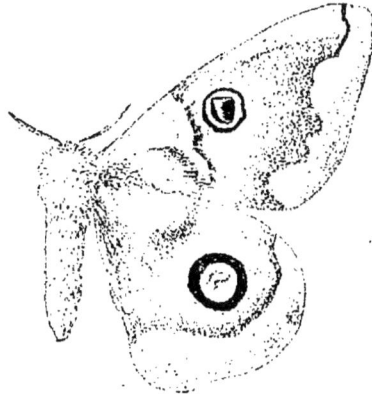

FIG. 1.

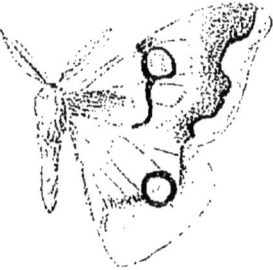

FIG. 3.

FIG. 4.

FIG. 5.

FIG. 6.

Fig. 1. *Pelythysana Andromeda*, var. Edmondsi, Philippi.
— 2.   —   *cinerascens*, var. albescens, Philippi.
— 3.   —   *cinerascens*, Philippi.

Fig. 4. *Ceranchia reticolens*, Butl.
— 5.   —   *Apollina*, Butl., femelle.
— 6.   —   *Apollina*, Butl., mâle.

sur ses deux tiers antérieurs. Rayure interne formée de deux arcs jaunes se joignant sur la nervure médiane. Zone médiane entièrement brun roux; un ocelle linéaire composé d'une fente hyaline légèrement arquée, entourée d'une bande jaune. Rayure externe comprenant une série de petits arcs jaunes bordés intérieurement de brun noir et extérieurement d'une ligne de macules brun roux. Zone externe jaune avec une ligne en zigzag festonnée brune; vers l'apex, cette ligne s'infléchit en une ligne courbe rouge tangente extérieurement à une étroite bande noire en demi-cercle.

Ailes postérieures : zone interne couverte de longs poils jaunes. Rayure interne non saillante. Zone médiane chargée de brun, sauf dans sa moitié inférieure; ocelle comme sur les ailes supérieures. Rayure externe comme sur les ailes supérieures; tout l'espace compris entre cette rayure et la ligne en zigzag est garni de brun roux; le reste de la zone externe est jaune.

Collection Ch. Oberthür.

3. **Rhodia fugax**, *Bull. Ann. Nat. Hist.*, XX, p. 479, 1877.

Patrie : Japon.

Envergure : mâle, 9 cm.; femelle, 12 cm. (Pl. V, fig. 2 et 4.)

Coloration foncière rouge brun chez le mâle et jaunâtre chez la femelle. Les rayures sont noires, saupoudrées d'écailles blanches; elles sont beaucoup plus pâles chez les femelles. La rayure interne des ailes antérieures est fragmentée en deux tronçons : l'un compris entre la nervure sous-costale et la nervure médiane, l'autre naissant à une petite distance en avant du premier s'incurve pour finir contre le bord postérieur.

Ocelles plus grands sur les ailes antérieures que sur les inférieures, bordés de blanc crème, enveloppé extérieurement de noir très estompé.

La zone externe des ailes antérieures présente contre la rayure externe une bande ondulée transversale sombre et au delà une ligne en zigzag noire. Cette ornementation est la même sur les ailes inférieures, sauf que souvent la bande transversale se confond avec la ligne en zigzag ; c'est le cas général chez les femelles.

Corps couvert de poils brun roux chez le mâle et de poils jaunes chez la femelle. Antennes du mâle très larges, bipectinées.

Le cocon est en forme de sac ; l'ouverture se prolonge en un point

2

par un pédoncule suspenseur qui est fixé aux branches par son autre extrémité. La teinte du cocon varie du jaune verdâtre au vert pur.

4. Rhodia Newara, MOORE, *Proc.*, *Zool. Soc. London*, 1872, p. 578.

Patrie : Népal.

Envergure : mâle, 15 centimètres. (Pl. V, fig. 1 et 3.)

Coloration foncière jaune sombre ; ocelles hyalins, petits, entourés sur les ailes postérieures d'une ligne marginale blanche ; rayures internes rouge noir ; rayures externes de même couleur, bordées extérieurement d'une teinte ferrugineuse sombre, parsemée d'écailles blanches ; ligne en zigzag noire se détachant nettement sur le fond de la zone externe des ailes antérieures ; sur les ailes postérieures, tout l'espace compris entre cette ligne et la rayure est teinté de brun ferrugineux. Vers l'apex, une ligne en demi cercle, noire, bordée de blanc ; l'avant du thorax, la costa et toute la portion antérieure des ailes supérieures parsemés d'écailles ferrugineuses et blanches ; la marge extérieure des ailes avec une bordure étroite, peu distincte, pâle et fuligineuse.

5. Rhodia Jankowskii. OBERTHÜR, *Bull. Soc. Ent. France*, IV, 886.

Patrie : Mandchourie.

Envergure : mâle, 9 cm.; femelle, 8 cm. (Pl. V, fig. 5 et 6.)

Coloration foncière jaune couverte presque complètement de gris cendré ; rayure externe rougeâtre à peine visible sur les ailes postérieures ; zone interne jaunâtre avec un peu de gris ; zone médiane complètement grise sur les ailes inférieures et laissant paraître encore un peu de jaune sur le bas des ailes antérieures ; ocelles légèrement réniformes, hyalins, bordés de jaunâtre, puis de brun roux ; rayures externes violacé clair, bordées intérieurement de noirâtre; ligne en zigzag noirâtre, peu saillante, surtout chez les femelles ; zone externe des ailes antérieures jaune, sauf un peu de gris contre la rayure ; grise dans les ailes inférieures, sauf une étroite marge jaunâtre. Sur les ailes antérieures, une marge formée de macules gris compris entre les nervures. Ailes postérieures avec une abondante frange interne de poils jaunâtres.

Le papillon vole en septembre et octobre. La femelle pond sur l'écorce des jeunes arbres.

Chenille au printemps sur le *Phillodendron amurense*; d'abord grise, puis vert clair, avec une rangée latérale de petites taches bleues demi-rondes, sans villosités. Cocon d'un brun blond, attaché le long d'une branche ou collé à la côte d'une feuille.

Genre. — **Cricula**.

Walk., *Cat. Lep. Het.* B. M., p. 1186, 1855.

Bordure costale des ailes antérieures régulièrement cintrée; apex assez aigü; bord postérieur très concave. Ailes postérieures arrondies.

1. Cricula **trifenestrata**, Helfer *(Saturnia T.)*, *Journ. As. Soc. Bengal.* VI, p. 45, 1837.

Cricula Burmana, Swinh. *Trans. Ent. soc. Lond.* 1890.
Saturnia Zuleica, Westw. *Cab. or. Ent.* p. 25, pl. 12, fig. I, 1848.

Patrie : Nord-Est et Sud de l'Inde, Burmah, Java, Iles Andaman. Envergure : mâle, 7 cm. 1/2; femelle, 7 cm. 1/2 à 9 cm. 1/2. (Pl. XIII, fig. 4.)

Mâle. Couleur générale varie du brun jaune ocreux au brun rougeâtre; ailes antérieures longues et falquées, rayure interne en festons irréguliers, d'un brun sombre; externe presque droite, partant de l'apex et aboutissant sur le bord inférieur de l'aile un peu au delà du milieu. Zone externe sur les deux ailes, teintée de couleur gris lilas dans sa moitié inférieure.

Deux taches sur les ailes : l'une hyaline, petite, en demi-cercle, contiguë à la nervure intercostale, bordée de brun sombre sur son côté externe, au-dessus et entre les nervures 6 et 7; l'autre tache brun uniforme, de forme ovalaire.

Ailes inférieures à bord anal anguleux à son extrémité, rayure interne brune, presque droite; externe festonnée; tache vitrée très petite, auréolée de brun sombre.

Femelle. De coloration variable comme chez le mâle, mais généralement plus rougeâtre; les ailes antérieures sont plus anguleuses vers l'apex et leur marge moins cintrée; taches vitrées multiples et un peu plus grandes que chez le mâle, une première arrondie et demi-circulaire contiguë à la nervure intercostale; au-dessus, entre les nervures

5 et 6, une deuxième tache arrondie ou ovale, quelquefois plus large ; au-dessus encore, entre les nervures 6 et 7, une troisième tache rectangulaire réniforme, toutes sont plus ou moins bordées de brun.

Sur l'aile inférieure, la tache est simple et arrondie.

Chez certains sujets, on remarque en dessous des ailes supérieures deux petites taches vitrées supplémentaires placées sur le côté interne des deux taches vitrées inférieures. Dans ce cas, elles sont reproduites sur la face supérieure par deux petites taches brunes sans point hyalin.

La chenille adulte mesure 7 cm. 1/2, de couleur brun noir, avec six rangées longitudinales de tubercules cramoisis ; tête et pattes rougeâtres, pattes anales de cette dernière couleur, une bande latérale d'un jaune rougeâtre. Les cocons sont généralement réunis en grappes, très rarement isolés ; ceux provenant de Java sont fortement réticulés et la soie a l'éclat et le brillant de l'or ; mais ceux provenant des contrées plus froides sont à peine ajourés, quelquefois même pas du tout et la soie est d'un jaune moins brillant.

D'après M. Moore, la chenille se nourrit sur différents arbres dont les plus connus sont : *Protium Javanum*, *Canarium commune* et *Mangifera ingas* ; les papillons sont abondants en décembre et janvier, rares en mars.

La variété *Burmana*, Swinh. est d'un brun rouge foncé, le cocon solide et épais ne présente aucune réticulation ; elle provient de la Haute-Birmanie et de l'Assam.

C. Zuleica, du Nord de l'Inde, est une aberration de cette espèce, d'après M. W. Rothschild.

2. Cricula multifenestrata, HERR SHÄFF *(Euphranor M.)*, Anssereup. *Schmett.* fig. 551, 1858.

Copaxa Satellitia, Walk. *Cat. Lep. Het. B. M.* p. 527, 1865.
Copaxa M. vté. rufotincta, W. Rothsch. *Nov. Zool.* II, p. 40, 1895.

Patrie : Mexique, Colombie.

Envergure : mâle, 8 à 10 cm. 1/2 ; femelle, 11 cm. (Pl. XIII, fig. 3.)

Mâle. Antennes plus larges et plus longues que dans *C. Trifenestrata*. D'un brun grisâtre uniforme, rayure interne sinueuse indistincte, non interrompue, d'un brun un peu plus foncé que celui du fond ; externe presque droite, part de la côte antérieure près de l'apex et s'abaisse sur le bord inférieur qu'elle rejoint un peu au delà du milieu ; cette

SATURNIENS

Fig. 1.

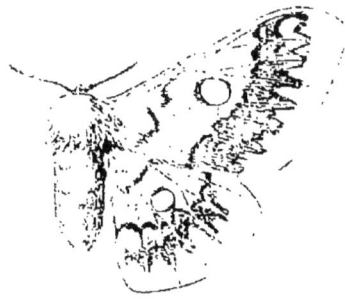

Fig. 2.

Fig. 3.

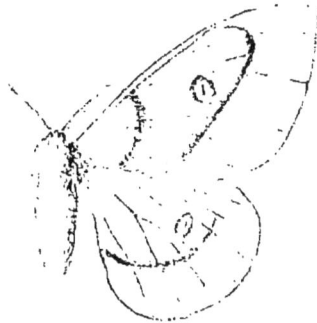

Fig. 4.

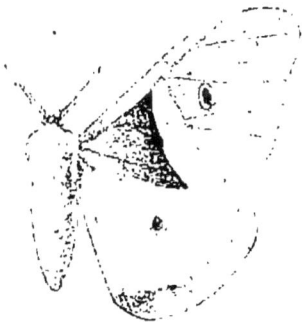

Fig. 5.

Fig. 6.

Fig. 1.   Rhodia Davidi, Oberth.
— 2.   —   Diana, Oberth., femelle.
   3.   —   —   Oberth., mâle.

Fig. 4.   Cerunchia cribrelli, Butl.
   5.   —   Mollis, Butl.
— 6.   —   Ansorguei, W. Rothsch.

LABORATOIRE D'ÉTUDES DE LA SOIE, LYON

SATURNIENS

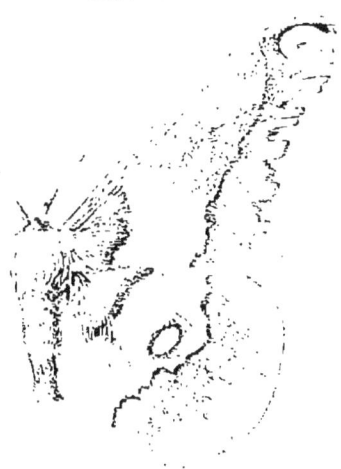

Fig. 1.

Fig. 2.

Fig. 3.

Fig. 4.

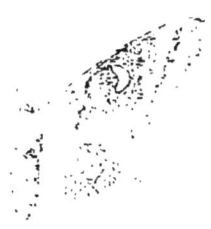

Fig. 5.

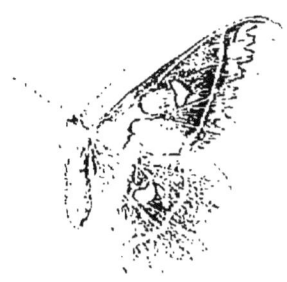

Fig. 6.

Fig. 1. *Rhodia newara*, Moore.
— 2. — *Fugax*, Butl, male.
3. Cocon de *Rhodia newara*.

Fig. 4. *Rhodia Fugax*, Butl., femelle.
— 5. — *Jankowski*, Oberth, femelle.
6. — — mâle.

rayure est brune, lisérée extérieurement de quelques squamules blanc grisâtre, intérieurement la rayure est accompagnée d'une ligne légèrement festonnée brune, parallèle, peu visible ; sur la côte, près de l'apex, se remarquent deux petites taches ovalaires recouvertes nébuleusement de squamules brunes, accompagnées de squamules blanches. Les taches vitrées sont multiples, finement auréolées de jaune brun ; l'une, la plus grande, à l'extrémité de la cellule, lenticulaire, est traversée par la nervure intercostale; deux très petites taches en dessous : l'une entre les nervures 2 et 3, l'autre entre 3 et 4 ; cette dernière manque quelquefois ; deux autres taches légèrement plus grandes que ces dernières : l'une entre les nervures 5 et 6, l'autre entre 6 et 7.

Ailes inférieures larges, à contour bien arrondi ; la rayure externe est indiquée par deux lignes festonnées parallèles à la marge : l'interne plus apparente. Trois taches vitrées seulement, la plus grande contiguë à la nervure intercostale et deux autres petites taches en dessous ; quelquefois l'une de ces deux manque. Une fascie nébuleuse plus sombre traverse toutes les ailes en passant par les taches vitrées ; cette fascie est surtout visible en dessous. Les ailes antérieures sont pointues, incisées sur la marge.

Femelle. Antennes longues unipectinées, de coloration généralement plus claire et variant du jaune pâle au jaune brun et au brun grisâtre clair.

Ailes antérieures pointues, avec bord marginal faiblement incurvé ; les rayures sont indiquées avec plus de vigueur que chez le mâle, d'un brun violacé ; la rayure externe plus large et plus fortement accompagnée d'atomes blancs ; sur la zone externe, ces atomes blancs s'étendent sur une grande partie de sa moitié inférieure.

Les taches sont plus grandes, elles varient de quatre à six sur les ailes supérieures et de trois à cinq sur les inférieures ; sur ces dernières ailes, la zone externe est saupoudrée d'atomes blanc grisâtre dans sa moitié contiguë à la rayure.

Espèce commune au Mexique ; elle est étiquetée au Muséum de Paris de la main de Boisduval, sous le nom de *S. Polythyris*.

3. **Cricula Drepanoides**, MOORE, *Proc. Zool. Soc. London*, 1865, p. 817.

Patrie : Sikhim.
Envergure : mâle, 7 cm. (Pl. XIII, fig. 2.)

Mâle. Forme de *Trifenestrata*, mais de couleur fauve rougeâtre, sauf la zone externe qui est d'un jaune vif. Sur les ailes supérieures, taches vitrées nombreuses et inégales, d'une transparence jaune ; sur la zone médiane, des nébulosités brun foncé grisâtre, ainsi que sur la zone externe près de la marge.

Les ailes inférieures ont aussi des taches vitrées nombreuses et inégales, mais en moins grand nombre que sur l'aile supérieure ; la rayure externe est festonnée et la zone externe sillonnée dans sa longueur par une ligne festonnée parallèle à la marge ; au delà de cette ligne et dans le milieu seulement se remarque une couleur brun foncé grisâtre. Le thorax et l'abdomen sont chargés de poils d'un pourpre grisâtre.

Cette espèce est très rare ; notre dessin est fait d'après le spécimen du Musée de Berlin. La femelle nous est inconnue.

4. **Cricula expandens**, Walk *(Copaxa E.)*, *Cat. Lep. Het. B. M.* p. 1238, 1855.

Copaxa expandens, Maass et Weym. *Beitr. Schmett*, fig. 79, 1881.

Patrie : Orizaba (Mexique).

Envergure : mâle, 11 cm. 1/2. (Pl. XIII, fig. 5.)

D'un jaune de chrome, ornementation semblable à celle de l'espèce précédente *C. Multifenestrata,* mais de couleur brun rouge. Le nombre des taches vitrées varie entre trois et cinq et sur l'aile inférieure de un à trois. Nous donnons le dessin d'après le type de Maassen au Museum de Berlin.

D'après M. Druce, cette espèce serait probablement une forme spéciale ou locale de l'espèce précédente ; sans négliger l'appréciation de cet auteur, nous croyons que par la forme plus allongée des ailes antérieures et la coloration tout à fait différente, l'espèce doit être considérée comme distincte.

GENRE. — **Lœpa**.

Moore, *Cat. Lep. Ins. E. I. House*, II, p. 399, 1859.

Palpes très courts. Abdomen relativement moins épais que dans le genre *Antherea.* Les taches des ailes sont entièrement recouvertes de squamules, auréolées et tangentes à la côte antérieure ; ailes antérieures légèrement falquées chez le mâle ; chez la femelle, la marge est convexe ou non incurvée; rayure noire entre les nervures 6 et 7, près de la marge. Rayure externe formée de trois lignes en chevron. Tarses très velus.

1. **Loepa Katinka**, WESTWOOD *(S. Katinka), Cab. or. Ent.*, p. 25, t. XII. fig. 2, 1848.

Antherea Katinka, Walk , *Cat. Lep. Het. B. M.*, p. 1251, 1855.
— **Sikkima**, Moore, *Proc. Zool. Soc.*, 1865, p. 818.

Patrie : Himalaya, Assam, Yunnam, Tonkin, Java.
Envergure : 9 à 12 cm. 1/2. (Pl. XIV, fig. 2 et 4.)

Mâle. Coloration d'un jaune de chrome brillant. Ailes antérieures avec la côte d'un brun fauve, saupoudré de poils jaunâtres, rayure interne sinueuse non interrompue, de couleur rose vif lisérée intérieurement de blanc rosé ; rayure externe formée de deux lignes brisées parallèles jusqu'à la nervure 6, s'écartant l'une de l'autre au delà en se rapprochant de la côte antérieure ; ces deux lignes sont d'un brun noir, l'interne en festons arrondis entre chaque nervure ; l'externe en festons tronqués et se terminant par une tache noire demi-circulaire et au-dessus, entre les nervures 7 et 8, cette ligne est surmontée d'une tache allongée rouge, lisérée intérieurement par une ligne brisée blanche, imitant le chiffre 3. Sur la zone médiane se remarque une ligne brisée en M, de couleur rouge brun entre la rayure externe et la tache de l'aile ; cette tache, de forme ovale, à contours anguleux, est soudée à la côte antérieure par son côté interne ; sa couleur est le brun rosâtre ; elle est entourée d'une ligne noire plus épaisse sur son côté interne ; au centre, une tache ovale blanc rosé, entourée d'une ligne noir brun ; entre cette petite tache et le bord interne de la grande existe un arc blanc. Sur la zone externe se remarque une ligne en feston un peu avant la marge, d'un blanc pâle.

Sur les ailes inférieures, les mêmes rayures sont représentées, mais la tache est plus petite et la lisière de cette dernière est moins chargée de noir.

Femelle. Même coloration, mais généralement un peu plus claire. Ailes antérieures à marge plutôt convexe.

Les larves vivent sur une espèce de Cirsus. Au deuxième âge, elles sont noires, avec de petits tubercules rouges, surmontés de poils. Au dernier âge, la chenille est d'un brun rougeâtre, quelquefois noire, ornée sur chaque segment de six tubercules pilifères rouges et à partir du quatrième segment inclus jusqu'à l'avant-dernier se remarquent des taches triangulaires d'un jaune plus ou moins vert.

Cocons d'un brun ferrugineux clair, pointus aux deux pôles, longs de 6 centimètres sur 1 cm. 3/4 à 2 1/2 de large.

Espèce assez commune, surtout en décembre, janvier, février.

Collection du Laboratoire.

Lœpa Katinka, var. *Sikkima* (Moore), est une forme petite, sombre, chargée de fauve vers l'apex des ailes antérieures ; dans le mâle, l'ocelle est rond ou allongé, large avec une tache arrondie interne très apparente.

Lœpa Katinka, var. *Miranda*, Moore.

Patrie : Darjiling (Indes Orientales).

Envergure : mâle, 13 cm.; femelle, 14 cm. (Pl. XIV, fig. 3.)

Mâle de couleur jaune de chrome clair; coloration des ailes comme *L. Katinka*, mais les taches sont plus foncées, moins gran... et égales sur les deux ailes. Celles des ailes supérieures ont leur contour plus arrondi. Sur l'aile supérieure, la rayure interne est à peine lisérée de blanc terne intérieurement et la brisure supérieure est plus rectiligne que dans la précédente espèce.

2. **Lœpa Oberthuri**, LEECH *(S. Oberthuri)*, *The Enthomologist*, XXIII, p. 49, 1890.

Syn. : **Lœpa Dognini**, Southon, *Lab. Études de la soie Lyon*, vol. XII, pl. 1, 1895.

Patrie : Chine.

Envergure : mâle et femelle, 15 cm. 5. (Pl. XIV, fig. 1.)

Mâle. Couleur foncière des ailes jaune de chrome vif, avec une surface d'un rose saumon sur la moitié inférieure de chaque aile, mais ne dépassant pas la rayure externe. Les taches des ailes sont à contours anguleux; celle de l'aile supérieure d'un brun rosé, large, cintrée dans son milieu et bordée d'une ligne noire ; au centre se remarque une ligne arquée de cette dernière couleur ; sur l'aile inférieure, la tache est plus petite et de coloration moins sombre.

Ailes supérieures : rayure interne noire avec plusieurs brisures rectilignes ; rayure externe formée de deux lignes brisées irrégulièrement, parallèles ; la ligne externe s'élargit dès la nervure 5 et forme

SATURNIENS

Fig. 1.

Fig. 2.

Fig. 3.

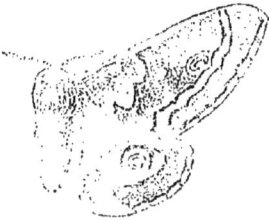

Fig. 4.

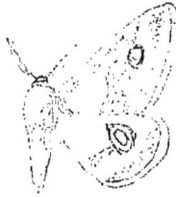

Fig. 5.

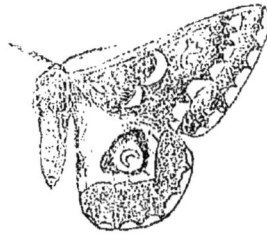

Fig. 6.

Fig. 7.

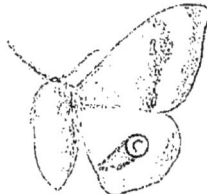

Fig. 8.

Fig. 1. *Henucha Smilax*, Feld.
— 2. — *Dentata*, Hampson.
— 3. — *Delegorguei*, Boisduval.
— 4. — *Dewitzi*, Maass et Wern, femelle.

Fig. 5. *Henucha Dewitzi*, Maass et Wern, mâle.
— 6. — *Grimmia*, Geyer.
— 7. — *Hansalii*, Feld., mâle.
— 8. — *Hansalii*, Feld., femelle.

un triangle noir au-dessus entre les nervures 6 et 7 ; elle se termine par un gros œil noir arqué de bleuâtre du côté interne; entre les nervures 7 et 8 elle est surmontée d'une ligne en zigzag blanché jusqu'à la côte; la ligne interne parallèle diminue d'intensité de la base jusqu'à la nervure 7 où elle disparaît; au-dessus, elle est surmontée d'une ligne de squamules blanches un peu sinueuse jusqu'à la côte ; entre ces deux lignes et la tache se trouve une ligne en coins parallèle à celles-ci de la base jusqu'à la nervure 5 ; au-dessus, elle s'arrondit en s'écartant des autres lignes. La côte des ailes est noire jusque dans ses deux premiers tiers. La zone externe est d'un jaune plus foncé ; entre la marge et la rayure externe se remarque une ligne en festons arrondis, jaune plus pâle.

Ailes inférieures : Rayure interne arrondie, sinueuse vers le bord antérieur, anguleuse vers le bord anal ; toutes les marques des ailes supérieures sont représentées sur les inférieures, mais la zone externe devient graduellement plus foncée en se rapprochant de la marge et sur son pourtour se remarque une ligne faiblement ondulée, presque marginale, d'un jaune blanchâtre. Sur la tache de ces ailes, la ligne intérieure noire est bordée extérieurement de squamules d'un gris violet ; un arc de même couleur se remarque aussi entre cette ligne noire et le bord interne de la tache.

Tête jaune, bord antérieur du thorax brun noir, corps jaune orangé. Tibias et tarses bruns, bordés de rose à leur extrémité.

Femelles semblables, mais les ailes antérieures ont leur marge convexe.

Collection du Laboratoire.

Genre. — **Saturnia**.

Schrank, *Faun. Boica*, II, (1), p. 149, 1802.

Ailes antérieures avec la côte également arquée, l'apex arrondi, marque externe légèrement excisée. Ailes postérieures arrondies, tarses nus.

1. **Saturnia Zuleica**, Hope, *Trans. Linn. Ent. Soc. London*, XIX, p. 132, pl. II, fig. 5, 1843.

Rinaca, Zuleica, Walk., VI, p. 1275, 1855.

— — Maas et Weym, *Beitr. Schmett*, fig. 24.

Patrie : Silhet, Sikhim, Assam.

3

Envergure : 13 cm. 1/2. (Pl. VIII, fig. 2 et 3.)

Mâle. Tête et antennes d'un gris brun, thorax rouge brun, méta-thorax frangé de blanc ; l'abdomen, de couleur brune et grise, est orné latéralement d'une ligne de points cramoisis et de quatre rayures ventrales blanches.

Ailes antérieures longues, assez fortement incisées sur la marge, de couleur grise parsemée d'écailles brunes et lavée de rose près de l'apex.

Zone interne brun foncé dans sa portion inférieure au-dessous de la nervure médiane complétement grise au-dessus ; rayure interne séparée de la zone de ce nom par une bande de la couleur foncière, cette rayure d'un brun noir liséré de cramoisi sur son côté interne n'existe que de la nervure médiane au bord inférieur de l'aile. Trois lignes profondément festonnées forment la rayure externe qui est surmontée vers la côte d'une tache noire, triangulaire, allongée; zone externe d'un brun olivâtre avec deux lignes brunes interrompues paral-lèlement à la marge ; la tache est formée d'une ligne hyaline, arquée, au centre d'un rectangle irrégulier brun dans sa moitié interne, gris bleuâtre dans son autre moitié ; ce rectangle est entouré d'une ligne de squamules blanches, le tout auréolé d'une ceinture large cramoisie du côté de la base, étroite, d'un noir profond du côté de la marge de l'aile.

Ailes inférieures semblables comme ornementation, sauf que la zone interne est d'un gris uniforme jusqu'à la rayure interne qui est brune, un peu nébuleuse.

La zone médiane est d'un gris rosé, surtout vers le bord antérieur, la tache ocellée plus grande que sur l'autre aile.

La femelle est de coloration semblable, mais les ailes antérieures ont leurs marges légèrement convexes au lieu d'être cintrées comme chez le mâle.

Les antennes sont étroites.

Collection du Laboratoire.

2. **Saturnia Cephalariae**, CHRISTOPH, *Romanoff*, *Mem. Lepid.* t. II, p. 14, pl. 14, 1885.

Patrie : Transcaucasie (alt. 7.000 pieds).

Envergure : mâle, 7 cm. 1/2 ; femelle, 8 cm. 1/2. (Pl. VIII, fig. 4.)

Ressemble tout à fait à *Spini*, la chenille seule est différente.

Les antennes des mâles ont les lamelles plus claires et plus longues que dans *Spini ;* chez la femelle, les dents sont plus prononcées que dans cette dernière espèce ; les intersections abdominales sont d'un blanc jaune sale, au lieu de blanc pur ; les taches ocellées des deux ailes sont aussi plus grandes.

La chenille de *Spini* est noire, tandis que celle de *Cephalariae* est verte, avec tubercules noirs terminés par un point orangé. Elle vit sur *Cephalaria procera*. Les jeunes chenilles, en naissant, sont presque toutes noires, elles ne deviennent vertes qu'après la troisième mue.

3. **Saturnia Spini**, Denis et Schiffermüller *(Bombyx. S.),* *Syst. Vers. Lep.* Wien, p. 49, 1776.

Bombyx Pavonia media Fabr. *Mant. Ins.* ll, p. 110, N° 27, 1787.
Attacus Pavonia Media, Godart. *Lep. de France,* IV, p. 65, pl. 5, fig. 1, 1822.

Patrie : Sud-Est de l'Europe (Autriche-Hongrie).

Envergure : mâle, 7 cm.; femelle, 8 cm. (Pl. VIII, fig. 5.)

Ailes supérieures : zone interne d'un brun sépia, sauf contre la rayure dont cette couleur est séparée par une bande blanc jaunâtre, ainsi que la côte antérieure ; rayure interne convexe, brun foncé, lisérée de brun clair intérieurement ; cette rayure ne dépasse pas la nervure sous-costale. Zone médiane, blanche entre les nervures sous-costale et médiane, au-dessus brune et recouverte de poils cendrés, au-dessous blanche et fortement pointillée d'écailles brunes ; rayure externe formée de deux lignes brunes en festons, lesquelles se rapprochent fortement vers le bord inférieur de la base de la rayure interne. Zone externe brune contre la rayure, brun jaunâtre clair vers la marge, ces deux couleurs séparées par une ligne blanche festonnée sur la côte interne, rectiligne sur son côté externe ; en haut, vers la côte, le dernier feston s'élargit en une tache noire accompagnée d'un arc blanc liséré de rougeâtre vers l'apex ; au-dessous, le deuxième feston s'élargit aussi en une tache noire longue, triangulaire, rougeâtre à son extrémité. Tache de l'aile large, subarrondie avec au centre une tache affectant la forme des trois quarts d'un cercle noir saupoudré d'écailles blanches, l'arc interne hyalin, cette tache auréolée d'un anneau jaune cuir, entourée à son tour d'un large anneau noir, dans l'épaisseur duquel on remarque un arc de squamules blanc bleuâtre.

Les ailes inférieures présentent la même ornementation appropriée à la forme différente de ces ailes, la tache est plus petite.

. Thorax brun bordé antérieurement d'un collier blanc pur, abdomen brun, chaque anneau frangé largement de blanc. Antennes fauves, largement pectinées chez le mâle, plus étroitement et à dents inégales chez la femelle.

Le mâle est plus petit et de teinte plus brune.

La chenille est noire ou d'un brun noirâtre, avec les tubercules leurs poils et le chaperon qui recouvre l'anus d'un jaune orangé ; avant la troisième mue, les tubercules sont bleuâtres.

Cette chenille vit sur le pommier sauvage et le prunellier.

Cocon brun rougeâtre en forme de poire.

Collection du Laboratoire.

4. Saturnia Thibeta, WESTWOOD, *Proceed. Zool. Soc. Lond.* 1853, p. 166.

Antheræa Thibeta; Walk. *Cat. Lep. Het. B. M.*, p. 1250, N° 13, 1855.
Leopa Thibeta, Moore, *Proceed. Zool. Soc.* Lond, 1859, p. 260.
Rinaca extensa, Butl, III, *Lep. Het. B. M.* pl. 91, fig. 2, 1881.

Patrie : Thibet, Assam (7.000 pieds).

Envergure : 12 cm. 1/2 à 14 cm. 1/2. (Pl. IX, fig. 1.)

Mâle. D'un jaune blanchâtre, saupoudré de squamules brunes, surtout près de la tête.

Ailes supérieures : zone interne d'un brun jaunâtre séparé de la rayure par une bande étroite de la couleur foncière, rayure interne brun jaune plus foncé du côté externe ; zone médiane d'un jaune pur en dessous de la nervure 2 et entre la médiane et la sous-costale, tout le reste saupoudré de poils bruns ; rayure externe composée de trois lignes : l'interne brune, large, un peu nébuleuse près de la crête, presque droite jusqu'à la nervure 5, devient festonnée faiblement entre les nervures 5 et 4, puis se rapproche brusquement de la base de l'aile et forme en dessous de la nervure 2 trois festons anguleux ; les deux autres lignes sont fortement festonnées dans toute leur longueur et conservent entre elles leur parallélisme ; sur la côte, une tache noire près de l'apex. Zone externe entièrement saupoudrée de squamules brunes ; près de la marge, une ligne parallèle à cette dernière, noire, étroite, bordée de blanc fauve extérieurement, très accentuée surtout dans la portion supérieure.

Tache subarrondie avec au centre un petit cercle noir liséré d'un arc hyalin sur son côté interne ; ce cercle, entouré d'un anneau jaune dans sa moitié interne, gris brun dans son autre moitié ; un arc blanc

SATURNIENS

FIG. 1.

FIG. 2.

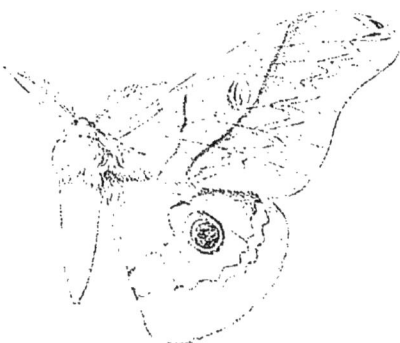

FIG. 3.

FIG. 4.

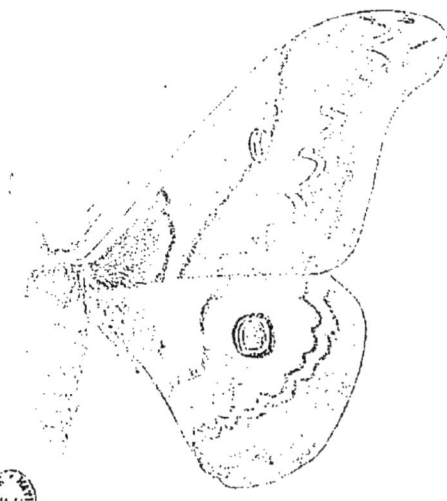

FIG. 5.

Fig. 1. *Usta Wallengrenii*, Feld.
— 2. — *Angulata*, W. Rothschild.

Fig. 3. *Caligula japonica*, Butler.
— 4. — *Simla*, Vestwood, femelle.
— 5. — — — mâle.

SATURNIENS

Fig. 1.

Fig. 2.

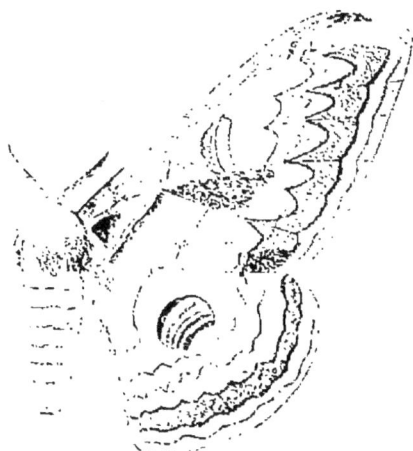

Fig. 3.

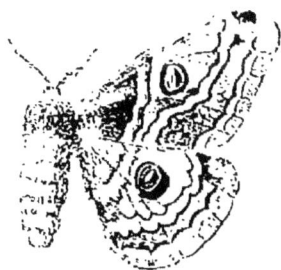

Fig. 4.

Fig. 5.

Fig. 1. *Caligula cachara*, Moore.
— 2. *Saturnia Zuleica*, Hope, mâle.
— 3.   —   —   — femelle.

— 4. *Saturnia Cephalariæ*, Christoph.
— 5.   —   *Spini*, Denis et Schiffermüller.

enveloppe la portion jaune de cet anneau et un arc noir la portion gris brun.

Les ailes inférieures sont ornées de même, mais la moitié antérieure est de couleur rose saumon, passant graduellement au jaune fauve vers le bord anal.

Côté antérieur des premières ailes gris jaunâtre, ainsi que le collier antérieur du thorax, ce dernier jaune fauve, frangé postérieurement de blanc, abdomen fauve clair semblable avec les ailes antérieures moins incisées.

Collection du Laboratoire.

D'après M. Hampson, *S. extensa*. Bull. n'est qu'une variété de cette espèce.

5. **Saturnia Pavonia Major**, Linné *(Bombyx P.)*, *Syst. nat.* I, p. p. 496-497, N° 6, 1758.

Attacus Pavonia, Godart, *Lep. de France*, IV, p. 60, pl. 4, 1822.
Bombyx Pyri. Den. et Schiff., *Syst. Verz Lep.*, Wien, p. 49, N° 1, 1776.

Patrie : Europe méridionale. Asie occidentale, introduit en Amérique.

Envergure : 11 à 12 centimètres. (Pl. IX, fig. 3.)

Les deux sexes sont semblables de coloration, sauf que le mâle, comme dans toutes les espèces de ce groupe, a le corps plus étroit, les ailes antérieures un peu plus fortement incurvées sur leur marge, et enfin les antennes plus larges, à pectination double, régulière ; chez la femelle, les antennes sont courtement bipectinées et inégalement sur le même article, la dent basale longue, un peu en massue, l'autre terminale à dent courte, pointue.

Ce papillon, le plus grand de tous les nocturnes indigènes, a le fond des ailes de couleur grise, parsemée faiblement de poils bruns dans la portion antérieure des ailes et très densement dans la portion inférieure.

Ailes antérieures : zone interne brune au-dessous de la nervure médiane, complètement grise au-dessus ; rayure interne sinueuse, brune, séparée de la couleur brune de la zone interne par une bande étroite gris brun, zone médiane plus brune dans sa moitié externe, la tache est ronde, formée d'un cercle central noir parsemé de quelques squamules blanches et traversé par un arc hyalin ; ce cercle est entouré d'un anneau jaune brun, accompagné sur sa moitié interne d'un arc blanc et d'un autre rougeâtre, le tout enveloppé d'un anneau noir ; rayure externe formée de deux lignes parallèles, irrégulièrement festonnées, brunes, séparées par une couleur brun clair, terminées vers la côte par une tache noire veloutée, allongée, suivie extérieurement d'un petit espace rosé.

Zone externe de couleur fauve dans sa portion supérieure jusqu'à la nervure 6, au-dessous elle est d'un brun foncé ; cette couleur est séparée de la marge par une bande fauve presque blanche sur sa limite interne.

Les ailes inférieures présentent les mêmes caractères, mais les zones interne et médiane sont presque uniformément de couleur gris brun.

Cette espèce est très commune aux environs de Lyon, où elle vit sur les arbres fruitiers, poiriers, pommiers, pruniers, amandiers ; elle se transforme vers les premiers jours de juillet et se construit un cocon brun fixé contre les troncs des arbres et plus souvent sous les tuiles des murailles.

Le papillon vole du 15 mai au 15 juin.

6. Saturnia Pavonia Minor, LINNÉ *(Bombyx P. m.), Syst. Nat.* I, p. p. 496, 497, N° 65, 1758.

Attacus Pavonia minor, Godart. *Lep. de France*, IV, p. 68, pl. 5, f. 1, f. 2, 3, 1882.

Bombyx Carpini, Den. et Schiff. *Syst. Verz. Lep.*, Wien, p. 50, N° 3, 1776.

Patrie : Europe et Asie occidentale.

Envergure : mâle, 5 cm. 1/2 à 6 centimètres ; femelle, 7 à 7 cm. 1/2. (Pl. IX, fig. 2.)

Mâle. Antennes brunes, larges, plus longues que la tête et le corselet réunis. Le fond des ailes est d'un brun rougeâtre, parsemé de poils blancs ; corps brun, avec collier antérieur blanc jaunâtre ; ailes antérieures : rayure interne brisée vers la nervure médiane, noire, large, lisérée de rouge sur son côté interne, séparée de la zone interne qui est brune par une ligne blanche, zone médiane brune fortement parsemée de poils blancs, surtout dans sa partie supérieure ; l'espace de cette zone compris entre la nervure médiane et la nervure souscostale est d'un blanc jaunâtre, souvent orangé ; au milieu, se trouve la tache auréolée dont le centre présente un cercle noir arqué sur son côté interne de squamules bleuâtres ; ce cercle est annelé de jaune brun et le tout auréolé largement de noir ; sur le côté interne du dernier anneau se trouve un arc de squamules bleuâtres. Rayure externe formée de deux lignes festonnées se rapprochant de la base de l'aile dès le dessous de la tache ; la zone externe offre dans sa portion apicale une tache oblongue costale noire, accompagnée du côté de la marge d'un espace rouge grenat, au milieu duquel se dessine une ligne brisée de squamules blanches.

Au-dessous, la zone est brune, sauf une bande blanche longitudinale un peu festonnée du côté de la rayure, droite du côté de la marge. Ailes inférieures de couleur orangée, zone et rayure internes indistinctes, les deux lignes de la rayure externe ondulées, bord anal de l'aile anguleux.

Femelle. De taille plus grande. Le blanc pur remplace dans ce sexe le blanc jaunâtre ou orangé que l'on remarque chez le mâle. Le brun des lignes ornementales n'est jamais rougeâtre ; enfin l'abdomen est frangé de blanc sur chaque segment.

La chenille est d'un beau vert ; sur chaque anneau, une bande transverse noire part des tubercules tantôt roses, tantôt orangés, surmontés de sept poils raides et inégaux ; tous ces tubercules sont alignés transversalement, il y en a quatre sur le premier et le dernier anneau et six sur les autres ; les stigmates sont fauves, lisérés de noir. La tête est verte, avec une petite tache noirâtre de chaque côté. Souvent, ces bandes noires transverses disparaissent. Dans le premier âge, elle ressemble à une chenille de Vanesse ou de Mélitée ; elle est noire, avec une raie latérale ferrugineuse. Elle vit plus particulièrement sur la ronce et le prunelier.

La chenille est commune aux environs de Lyon, dans la plaine ; on la trouve aussi sur les montagnes environnantes jusqu'à 1100 mètres d'altitude.

Le cocon est brun en forme de poire et n'est pas dévidable.

7. **Saturnia Atlantica**, Lucas, *Expl. Alg.* III, p. 379, fig. 1, 1849. Millière, *Iconog. et Descrip. de chenilles et Lépidoptères inédits.* 27ᵉ livraison, pl. 120, fig. 1 et 2.

S. vté. **Numida**, *Aust. Soc. Naturaliste*, 1894, p. 56.

S. vté. **Marocana**,   —   —   —

S. **Atlantica**, var. **Matheri Vallantin**, *Bull. S. Fr.* 1898, p. 220.

Patrie : Algérie (Philippeville).

Envergure : mâle, 10 cm. 1/2 ; femelle, 12 cm. (Pl. IX, fig. 4.)

Espèce intermédiaire entre *S. Pyri* et *Spini* par ses couleurs, elle se rapproche beaucoup de la première, mais voici en quoi elle diffère. Le mâle a les barbules des antennes manifestement plus longues, le brun du corselet et de l'abdomen est d'une teinte violacée, tandis que le blanc terne des intersections abdominales est plus gris ; la partie claire de la bande marginale des quatre ailes est d'un blanc pur et bien plus large que chez le *Pyri ;* la double raie festonnée de la rayure externe offre des festons bien plus profonds et les lignes sont plus fines. Sur les ailes supérieures, ces deux lignes festonnées se terminent vers la côte par deux taches veloutées noires réunies par une ligne d'un blanc rosé affectant la forme d'un fer à cheval ; au-dessous et près de la marge se remarque une tache de couleur rouge vineux ; la tache auréolée est formée d'une tache noire centrale arquée sur son côté interne d'une ligne hyaline et annelée de jaune ; ce dernier anneau est accompagné du côté interne d'un arc rouge et d'un autre blanc, le tout annelé de noir ; sur les ailes inférieures, la double raie en feston est plus profondément angulée.

Les antennes du mâle sont aussi plus larges et plus longues que chez le *Pyri*, mais chez la femelle les articles des antennes sont simplement pectinés, tandis que chez le *Pyri* les articles sont à double dents, dont l'une plus courte, l'autre un peu dilatée à son extrémité.

Les cuisses sont d'un pourpre vineux, ainsi que le sommet des pattes, dont la portion inférieure est d'un jaune d'ocre vif. Le cocon a la même forme que celle de *S. Pyri*, mais il est d'un tissu plus serré et de couleur brune grisâtre.

Collection du Laboratoire.

8. **Saturnia Bieti**, OBERTHÜR, *Etudes d'Entomologie*, IX, p. 31, pl. 7, fig. 58, 1886.

Patrie : Thibet.

Envergure : femelle, 9 cm. 1/2. (Pl. X, fig. 3.)

Antennes fauves, thorax d'un brun violacé, abdomen d'un gris verdâtre annelé de brun.

Ailes antérieures : moitié inférieure de la zone interne d'un brun violacé, cette couleur n'atteignant pas la rayure interne ; tout le restant de l'aile d'un gris clair verdâtre ; rayure interne un peu nébuleuse, ondulée, externe formée de trois lignes de festons parallèles, anguleux intérieurement, arrondis extérieurement. Ces trois lignes

SATURNIENS

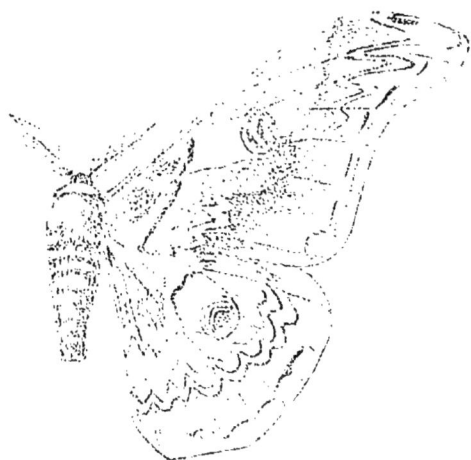

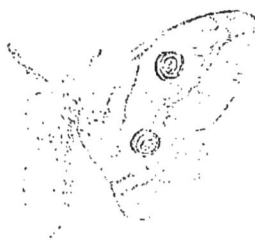

Fig. 2.

Fig. 1.

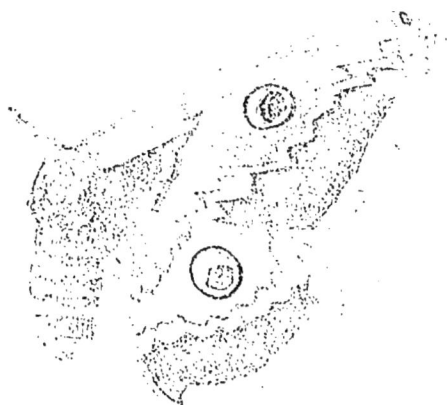

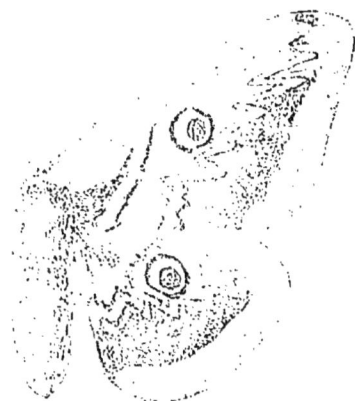

Fig. 4.

Fig. 3.

Fig. 1. *Saturnia Thibeta*, Westwood.   Fig. 3. *Saturnia Pavonia major*, Linné.
— 2.   —   *Pavonia minor*, Linné.   — 4.   —   *Atlantica*, Lucas.

sont surmontées vers la côte d'une petite tache noire auréolée de blanc, puis suivie jusqu'à l'apex d'une tache ovalaire de couleur rosée. Entre les trois lignes de la rayure externe et la tache se remarque une ligne sinueuse partant du bord antérieur et venant se confondre avec le fond de l'aile un peu au-dessous de la tache, cette dernière large, arrondie, brune au centre, cette couleur auréolée d'un anneau rougeâtre, mais plus clair sur son côté interne, le tout est cerclé d'un anneau étroit, noir, arqué de rouge sur son côté interne.

Ailes inférieures brun violacé à la base, s'atténuant et se confondant avec la couleur foncière un peu avant la rayure interne, celle-ci curvée, la tache comme sur l'aile supérieure, mais plus petite ; au delà, une ligne sinueuse et les trois lignes festonnées de la rayure externe.

9. **Saturnia Medea**, MAASSEN, Stübel, *Reisen. in sud America Lepidopteren*, p. 50, pl. 5, fig. 7.

Patrie : Equateur.

Envergure : 13 centimètres. (Pl. X, fig. 5.)

Couleur foncière brun, un peu olivâtre.

Ailes antérieures : zone interne brun uniforme, médiane un peu plus claire sur les nervures, le bord antérieur est un peu plus clair encore ; zone externe d'un jaune terne.

La rayure interne est blanche, sinueuse, l'externe est formée de deux lignes dont l'interne très festonnée, brune dans toute sa longueur ; la ligne externe est moins profondément festonnée et elle est surmontée vers la côte antérieure d'une tache ronde, noire, veloutée, auréolée de rose du côté de l'apex ; ces deux lignes sont séparées par une bande de couleur blanche.

Tache hyaline arrondie, entourée d'un anneau noir et d'un autre plus étroit, jaune, finement liséré de noir. Sur les ailes inférieures, l'anneau jaune de la tache est plus large et les deux lignes de la rayure externe se terminent en rose près du bord antérieur.

Nous n'avons pu voir cette espèce dans aucune collection.

10. **Saturnia Grotei**, MOORE, *Cat. Lep. M. E. I. House*, p. 104, 1859. *Proceed. Zool. soc. Lond.* 1859, p. 265, pl. 65, fig. 2.

Patrie : Himalaya de Simla ou Sikhim. Thibet.

Envergure : mâle, 8 centimètres ; femelle, 8 cm, 1/2 à 9 centimètres. (Pl. X, fig. 1.)

4

Ailes antérieures d'une couleur cuir pâle, brunâtres le long de la côte et autour de l'apex et fortement pointillées de squamules brunes au delà du milieu ; rayure interne très près de la base, brisée ; externe formée de trois lignes profondément festonnées noires, la médiane plus épaisse, se terminant vers l'apex par un point noir, suivi extérieurement d'une surface marron, sillonnée par une ligne de squamules blanches ; une ligne submarginale de points allongés bruns.

Tache de l'aile large, circulaire ; au centre, une tache noire nébuleuse dans un cercle brun rouge, un arc blanc dans la moitié interne de ce cercle, le tout entouré d'un anneau noir.

Ailes inférieures brunâtres à la base et le long du bord anal, le disque rose rougeâtre jusqu'à la première ligne festonnée ; au delà, la couleur de l'aile est de couleur cuir ; rayure interne brune, curvée, tache de l'aile semblable à celle de l'aile supérieure, mais plus petite, rayure externe avec ses trois lignes festonnées et au delà une ligne submarginale de points allongés bruns.

11. Saturnia Aona, MOORE, *Proceed. Zool. Soc. Lond.* p. 818, 1865.

Patrie : Darjiling, Sikhim.

Envergure : mâle, 11 cm.; femelle, 11 cm. 1/2. (Pl. X, fig. 2.)

Caractères communs aux deux sexes.

Tête et thorax d'un brun olivâtre, collier jaune, ainsi que la frange postérieure du thorax, abdomen brun fauve foncé, couleur des ailes jaune olivâtre pâle, pointillé de squamules brunes.

Ailes supérieures : rayure interne près de la base de l'aile se détachant en jaune clair sur le fond de l'aile qui, d'un brun olivâtre à la base, s'éclaircit en se rapprochant de la marge ; rayure externe formée de trois lignes en festons, la portion apicale de l'aile est d'un brun rougeâtre ; au-dessous, une ligne submarginale de points jaunes, alternés de points noirs. Tache de l'aile arrondie avec au centre une tache hyaline allongée, lenticulaire dans un cercle brun rouge, s'atténuant sur ses contours où il devient brun clair ; ce cercle est annelé de noir avec un arc de squamules blanches sur le côté interne de ce dernier anneau.

Ailes inférieures : le disque légèrement lavé de rose, la tache comme sur les ailes supérieures, sauf que l'anneau externe est rouge brun dans sa moitié interne et cramoisi dans sa moitié externe ; rayure interne brunâtre, curvée ; rayure externe avec ses trois lignes profondément dentées, une ligne submarginale de points bruns alternés de points jaunes.

Antennes fauves.

12. Saturnia Pyretorum, WESTWOOD, *Cab. or. Ent.*, p. 49, pl. 24, fig. 2, 1848.

Saturnia cidosa, Moore, *Trans. Ent. soc* p. 423, pl 22, fig. 3, 1865.
S. Pyretorum, Hamps, *Ind. Moths.* I, p. 23.

Patrie : Chine, Tonkin, Sikhim.

Envergure : mâle, 9 cm. 1/2. (Pl. X, fig. 4.)

Mâle. Ailes antérieures à sommet arrondi, côte et marge incurvées. Tête, thorax et abdomen brun foncé, les segments de ce dernier sont frangés de blanc sur la portion dorsale, le dessous de l'abdomen est tout blanc. Antennes jaune fauve, longues, peu larges, très atténuées au sommet.

Zone interne brune, séparée de la rayure interne par une bande blanche ; rayure interne presque droite, brune, lisérée de rouge sur son côté interne et inférieurement ; zone médiane blanche saupoudrée de brun vers la côte et entre les bifurcations de la nervure médiane.

Rayure externe double très profondément festonnée, l'extrémité des festons atteignant, presque au-dessous de la tache, la rayure interne ; en haut de cette rayure, sur la côte, une tache oblongue noire, arquée finement de blanc bleuâtre sur son côté interne.

Zone externe : vers l'apex, deux arcs brun rouge accompagnés de blanc intérieurement ; au-dessous, une ligne brune médiane la parcourt dans sa longueur ; la surface comprise entre cette ligne et la rayure est fortement saupoudrée de brun et l'autre côté vers la marge est d'un blanc rosé, sauf la marge qui est d'un brun pâle.

Tache de l'aile arrondie ; au centre, un arc hyalin dans un cercle noir, liséré d'un anneau étroit, jaune doré ; sur le côté interne de ce cercle, un arc de squamules bleues, le tout auréolé de noir.

Ailes inférieures presque blanches, rayure interne curvée, un peu nébuleuse, brune, devenant un peu rougeâtre vers le bord anal ; externe formée de deux lignes ondulées brunes. Zone médiane blanche, externe brun foncé contre la rayure, blanche au milieu et brun clair sur le bord marginal. L'œil de cette aile est plus petit que sur la supérieure. La grandeur de cette tache est très variable et, dans certains spécimens, elle devient très faible ; chez d'autres, elle manque complètement.

Femelle. La côte antérieure des ailes n'est pas incurvée et la marge l'est à peine ; vers l'apex se remarquent deux taches noires, l'une sur la côte, l'autre en dessous, toutes deux saupoudrées de bleuâtre sur le côté interne.

L'ornementation des ailes et la couleur comme chez le mâle.

Le cocon a la forme de celui de *S.Pyri,* mais il est d'un gris brun doré, surtout les fils supérieurs qui forment sur le fond brun comme un réseau doré. Ce papillon n'est pas rare au Tonkin, dans la première quinzaine de janvier.

D'après M. Fauvel, la larve vit sur le *Liquidambar formosana ;* on retire de la chenille un fil de soie très fort employé en guise de crin de Florence pour les lignes à pêche (Silk Worm. Gut.).

13. Saturnia Boisduvalii, EVERSMANN, *Bull. Mosc.* 1846, p. 83, pl. 1, fig. 1, p. 7, pl. 4, fig. 5.

Patrie : Sibérie, Thibet.

Envergure : mâle, 9 cm.; femelle, 11 cm. (Pl. XI, fig. 1.)

Voisine de *S. Pyretorum,* mais s'en distingue par la rayure interne qui est plutôt concave, par la rayure externe qui est moins profondément festonnée et par les taches auréolées de couleurs différentes.

Mâle. Antennes d'un fauve clair, couleur foncière fauve blanchâtre, abdomen annelé de blanc à l'extrémité de chaque segment ; thorax brun.

Ailes antérieures : rayure interne convexe, externe formée de deux lignes brunes festonnées dans la partie supérieure de l'aile et simplement arquées au-dessous de la tache. Zone médiane blanche parsemée dans sa portion supérieure de poils bruns ; vers la côte, la rayure externe se termine par une double tache noire auréolée extérieurement de blanc et de rose. Zone externe brune sillonnée dans sa longueur par une ligne sinueuse blanche.

Taches égales sur les deux ailes ; au centre, une ligne hyaline, étroite, presque invisible, dans un cercle brun entouré d'un anneau jaune verdâtre, d'un arc blanc et d'un autre rouge sur le côté interne, le tout enveloppé d'un anneau noir.

Ailes inférieures brun fauve pâle, rayure interne anguleuse, externe formée de deux lignes légèrement ondulées ; zone externe brun jaune

SATURNIENS

Fig. 1.

Fig. 2.

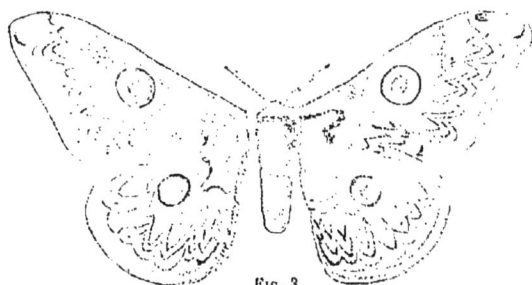

Fig. 3.

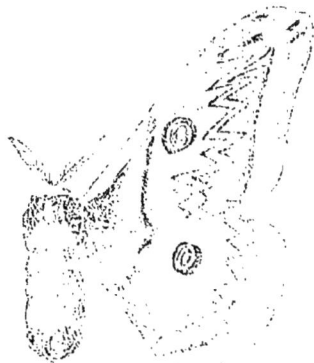

Fig. 4.

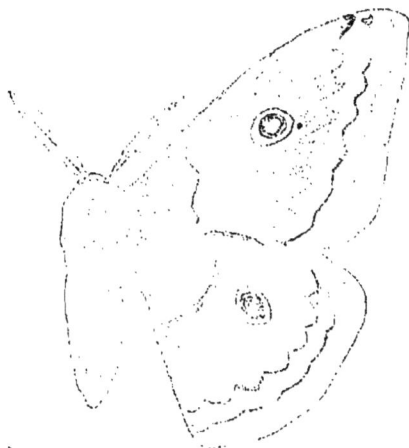

Fig. 5.

Fig. 1. *Saturnia Grotei*, Moore.   Fig. 4. *Saturnia pyretorum*, Westwood.
 — 2.   —   *Anna*, Moore.   — 5.   —   *Medea*, Maassen.
 — 3.   —   *Bieti*, Oberthür.

traversée dans sa longueur par une ligne brune bordée de blanc extérieurement.

La femelle est d'un fauve généralement plus jaunâtre, les taches
plus grosses, la zone interne plus rougeâtre ; sur les ailes inférieures,
la portion brune de la zone externe est plus étroite que chez le mâle.
Antennes fauves à denticules doubles, mais inégaux, l'un surtout est
très court.

La chenille est noire, avec deux taches dorsales rouges ; elle se
nourrit de feuilles de Betula, Prunus, Pyrus baccata et Tilia. La chrysalide repose dans un cocon dont le tissu est ajouré ; ce dernier est
accroché le long des branches comme une nacelle aérienne.

Le papillon éclôt en septembre ; il est teinté de rose, mais cette
teinte, quoique assez vive, ne se conserve pas.

14. **Saturnia Jonasi**, Butler *(Caligula J.)*, *Ann. Nat. Hist.*
(4), XX, p. 479, 1877 ; *III, Lep. Het. B. M.,* II, p. 16,
pl. 25, fig. 2, 1878.

Patrie : Japon.
Envergure : 10 centimètres. (Pl. XI, fig. 2.)

Mâle. Antennes longues et largement pectinées, thorax brun rouge
bordé en avant d'un collier blanc jaunâtre et frangé en arrière de
cette même couleur ; abdomen d'un brun moins rouge.

Ailes antérieures : côte d'un blanc jaunâtre ; zone interne brun rouge
dans sa moitié inférieure, grise dans son autre moitié ; rayure interne
brun rouge, étroite, arquée, convexe ; zone médiane large, traversée
dans son milieu par une ligne sinueuse d'un brun noirâtre partant de
la côte pour rejoindre le bord inférieur de l'aile en étant tangente
extérieurement à la tache ocellée ; toute la portion de cette zone comprise entre cette ligne et la rayure interne, ainsi que la partie costale
de l'autre portion de la zone est d'un gris bleuâtre, parsemé de poils
bruns, le restant de cette zone est d'un brun jaunâtre.

Rayure externe festonnée, brune dans sa portion supérieure, nébuleuse en dessous, terminée vers la côte par deux taches noires, la supérieure allongée, auréolée de blanc extérieurement ; l'autre sinuée au-
dessous est linéaire, auréolée de blanc en dessous. La zone externe est
sillonnée dans sa longueur par une ligne brune bordée de blanc extérieurement et surtout près du bord inférieur. Tache de l'aile elliptique ;
au centre, une faible ligne courte, hyaline, dans une ellipse d'un

rouge de brique pâle, auréolée d'un anneau brun dans l'épaisseur duquel se remarquent un arc blanc dans sa moitié interne et un autre arc d'un rose jaunâtre.

Ailes inférieures brun jaunâtre, plus clair vers la base et sur la zone externe ; rayure interne sinueuse, brune, externe sinueuse lisérée extérieurement de blanc, tache de même forme et de même coloration que sur les autres ailes, mais un peu plus petite.

Le dessous est presque uniformément d'un brun grisâtre, plus jaune près des marges, avec les taches visibles et une ligne médiane transverse passant au-dessous de la tache de l'aile supérieure et sur le milieu de la tache inférieure.

Décrit et figuré d'après le type du Natural History Museum.

Paraît être une variété de *S. Boisduvalii*.

15. Saturnia Stoliczkana, FELDER, *Reise de Novara Lep.* pl. 37, fig. 3, 1874.

Saturnia Schenkii, Staud, *Stett. Ent. Zeit.* p. 406, 1881.
Neoris Shadullæ, Moore, *Proc. Z. Soc.* 1872, p. 577.

Patrie : Ladak (Haut-Himalaya).

Envergure : mâle, 8 cm. 1/2 à 9 centimètres ; femelle, 12 centimètres. (Pl. XI, fig. 3 et 4.)

Tête, thorax et moitié inférieure de la zone interne des ailes supérieures de couleur brun rougeâtre pâle, le restant des ailes de couleur gris brun, parfois teinté de rose, parsemé de poils brun foncé ; abdomen annelé de brun à la base des segments. Ailes antérieures : rayure interne formée de deux lignes brunes n'atteignant pas la côte, un peu ondulées, rayure externe également formée de deux lignes brunes profondément festonnées entre les nervures, la ligne interne surtout ; une fascie d'un brun rouge clair un peu nébuleuse traverse l'aile de la côte au bord inférieur en passant par la tache. Zone externe de la couleur foncière, sauf contre la rayure où elle est blanche et vers l'apex où elle devient rose vif.

Tache auréolée arrondie ; au centre un arc hyalin dans un cercle jaune dans sa moitié interne, brun dans sa moitié externe, enveloppé d'un anneau noir dans l'épaisseur duquel se remarque un cercle de squamules blanc bleuté.

Ailes inférieures avec rayure interne simple, brune, un peu nébuleuse ; externe double, légèrement ondulée, la base des ailes chargée de poils bruns rougeâtres ; la tache de ces ailes est plus grande que celle de l'aile supérieure et l'anneau externe noir plus large.

Chez le mâle, les antennes sont longues de deux fois la longueur du thorax, de couleur fauve avec barbules longues ; chez la femelle, elles sont un peu moins larges. La forme des ailes est la même dans les deux sexes. Le thorax est orné d'un collier antérieur de la couleur grise foncière.

16. **Saturnia Lindiæ**, Moore, *Trans. Ent. Soc. Lond.*, pl. 22, fig. 3, 1865.

Saturnia Hockingii, Moore, *Proceed. Zool. soc. Lond.*, 1888, p. 402.
— — Butler, *Ill. Het.* VII, pl. 124, fig. 2 et 3.

Patrie : Kulu (Nord de l'Inde).
Envergure : 8 cm. 1/2.

Mâle. Le fond des ailes est de couleur gris fauve, parsemé de squamules brun foncé, rayure interne sinueuse d'un brun noir lisérée intérieurement de rougeâtre ; rayure externe formée de deux lignes brunes profondément festonnées dans leur partie supérieure, non festonnées dans leur partie inférieure et s'éloignant brusquement de la marge pour rejoindre le bord inférieur de l'aile près de la base de la rayure interne. Vers le haut de ces deux lignes et vers la côte, une tache noire accompagnée extérieurement d'un espace gris rosé devenant brun rouge ; près de la marge se remarquent deux lignes parallèles brunes, l'interne séparée de l'externe par des taches nervales blanchâtres, l'externe interrompue entre chaque nervure.

Les ailes inférieures ont une teinte légèrement rosée, le corps brun annelé de gris blanc jaunâtre. La tache auréolée n'a pas de point central hyalin ; au centre, un cercle brun, bordé antérieurement d'un arc blanc et d'un arc cramoisi, le tout enveloppé d'un anneau noir.

Sat. Hockingii est une variété dans laquelle les ailes inférieures sont plus rougeâtres.

17. **Saturnia Huttoni**, Moore *(Neoris H.)*, *Trans. Ent. Soc. London*, p. 321, 1862.

S. Huttoni, Hamps, *Ind. Moths.* I, p. 13.

Patrie : Nord-Ouest de l'Himalaya.
Envergure : 11 centimètres. (Pl. XI, fig. 5 et 6.)

Couleur foncière assez uniforme, d'un jaune fauve vif, rayure interne sinueuse brune, externe formée de deux lignes festonnées brunes, la ligne externe se termine vers la côte par une tache noire petite, auréolée extérieurement de rose. Zone médiane saupoudrée de squamules brunes ; tache hyaline arquée, étroite à l'intérieur d'un cercle, jaune dans sa moitié interne, brun fauve dans sa moitié externe ; ce cercle est entouré d'un anneau noir dans l'épaisseur duquel se remarque un arc blanc sur sa moitié interne.

Collier antérieur du thorax d'un blanc jaunâtre vif, abdomen plus pâle. Ailes inférieures : rayure interne droite, l'anneau noir externe de la tache est étroit, les deux lignes de la rayure externe sont à peine ondulées et la ligne externe plus accentuée.

Considéré par Staudinger et Rebel comme variété de *Stoliczkanæ*. Variété d'un brun ocracé.

18. **Saturnia Galbina,** CLEMENS, *Proc. Acad. Nat. Sci. Philad.*, 1860, p. 156.

S. **Galbina,** Strecker, *Lep.*, p. 104, pl. 12, fig. 4 et 5, 1875.

Patrie : Mexique, Texas.

Envergure : mâle, 5 cm. 3/4 ; femelle, 7 cm. (Pl. XII, fig. 1.)

Mâle. Couleur foncière brun noirâtre. Corps brun parsemé de poils rougeâtres ; antennes fauves, plus longues que le thorax.

Ailes supérieures : rayure interne blanche, coudée à sa rencontre avec la nervure médiane, rayure externe un peu oblique par rapport à la marge blanche assez large, s'atténuant vers sa portion supérieure tangente au bord externe de la tache auréolée ; sur la zone médiane, les ramifications de la nervure de ce nom, ainsi que la nervure anale sont indiquées par des lignes blanches étroites. Zone externe brune, avec une bande submarginale blanche festonnée sur son côté interne ; vers l'apex, entre la rayure externe et cette bande blanche, une tache noire accompagnée du côté externe d'une tache allongée brun rouge. Tache arrondie, au centre d'un cercle noir une ligne hyaline, le cercle auréolé d'un anneau jaune d'or étroit et d'un autre plus large noir, dans l'épaisseur duquel se distingue un petit arc d'écailles blanc bleuâtre.

Ailes inférieures : zones interne et médiane blanc terne, sauf cette dernière qui, contre la rayure externe, présente des limites brunâtres ; rayure interne coudée, brune, un peu nébuleuse ; rayure

SATURNIENS

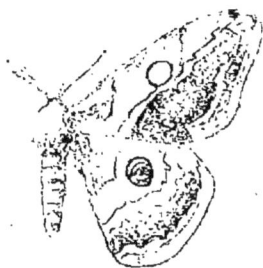

FIG. 1.

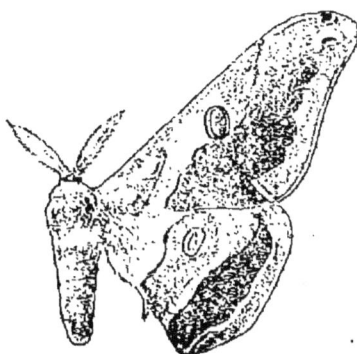

FIG. 2.

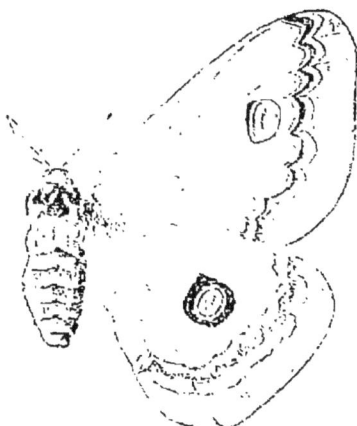

FIG. 4.

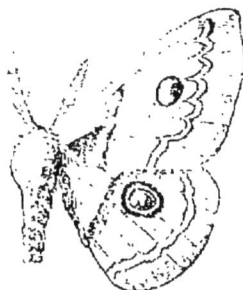

FIG. 3.

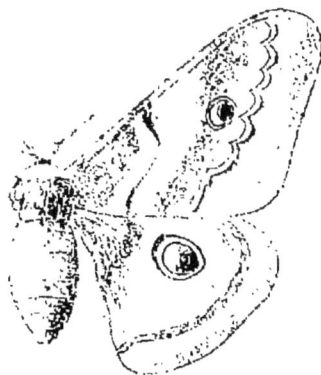

FIG. 5.

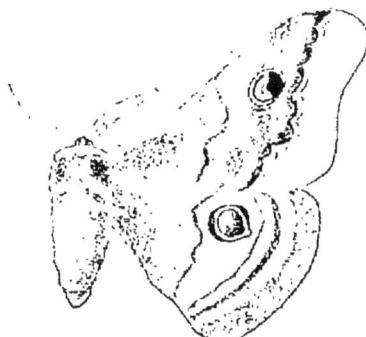

FIG. 6.

Fig. 1. *Saturnia Boisducalii*, Eversmann.
— 2.   —   *Jonasi*, Butler.
— 3.   —   *Stolicshana*, Felder, mâle.

Fig. 4. *Saturnia Stolicshana*, Felder, femelle.
— 5.   —   *Buttoni*, Moore, mâle.
— 6.   —   —   —   femelle.

externe légèrement ondulée entre les nervures ; zone externe comme
sur les ailes supérieures ; la tache de ces ailes est plus petite que celle
des supérieures, d'un brun moins foncé ; antennes à dents courtes et
épaisses, impectinées, les articles présentent une carène sur leur face
inférieure.

Collection du Laboratoire.

GENRE. — **Heniocha.**

HÜBNER, *Verz. bek. Schmett*, p. 157, 1822.

1. **Heniocha Apollonia**, CRAMER, *(Attacus A.), Pap. exot.*
pl. 250, A., 1779.

Patrie : Natal, Transvaal.
Envergure : 11 centimètres. (Pl. XII, fig. 2.)

Antennes fauves et courtes, dont le contour forme un ovale allongé,
pectination double chez le mâle, simple chez la femelle.

Collier antérieur du thorax et paraptères blancs, corps fauve.

Ailes antérieures : côte brun grisâtre ; la portion inférieure de ces
ailes est presque blanche ; sur la portion supérieure, les nervures
sont indiquées largement par la couleur brune, sauf autour de la
tache où se remarque un espace tout blanc. Rayure externe blanche
limitée sur son côté interne par une zone sinueuse noire, étroite, surtout accentuée vers la côte et sur son côté externe par une raie jaune
lisérée de noir extérieurement. Zone externe gris uniforme, sauf vers
l'apex où se remarque une tache rouge accompagnée d'un espace
rosé ; marge jaune.

Tache des ailes formée d'une demi-lune hyaline, complétée par une
demi-lune noire, entourée d'un cercle blanc, puis d'un autre noir et
d'un autre externe jaune orangé.

Ailes inférieures blanches, sauf sur les nervures qui sont faiblement indiquées par une couleur grise, rayure externe comme sur les
ailes supérieures, tache de l'aile formée d'une demi-lune hyaline complétée par une demi-lune noire, entourée d'un anneau blanc auréolé
à son tour, mais faiblement gris.

La larve, d'après M. Mansel Weale (Note on South African Insects,
Trans. Ent. Soc., London, 1878, p. 84), est verte, avec des protubérances recouvertes de soies cramoisies. Dans son premier âge, la petite

5

soie des protubérances dorsales produit une douloureuse irritation sur la peau.

Dans presque toutes les collections.

2. Heniocha Terpsichore, MAASEN ET WERN *(Saturnia T.)*, *Beitrag. Schmett.* fig. 113, 114, 1886.

Patrie : Delagoa-Bay.

Envergure : mâle, 7 cm.1/2; femelle, 8 cm. 1/2 à 9 cm. (Pl. XII, fig. 4.)

Mâle. Fond des ailes blanc, corps gris fauve, ainsi que les antennes. Ailes supérieures : rayure interne sinueuse brune, zone médiane brun fauve dans sa moitié supérieure externe ; rayure externe sinueuse, légèrement festonnée entre chaque nervure ; zone externe saupoudrée d'écailles brunes, surtout dans son milieu ; la marge est fauve clair. Tache vitrée de l'aile occupant la moitié d'un cercle, dont l'autre moitié est noire, auréolée de jaune, puis d'une ligne étroite noire.

Ailes inférieures blanc pur, sauf vers le bord anal qui est un peu fauve et vers le bord marginal où se remarquent une bordure brune et quelques écailles brunes au delà. Antennes à pectination simple ; tache de l'aile plus petite, mais le cercle noir enveloppant est plus gros que sur l'aile supérieure.

Antennes d'un gris jaunâtre clair.

La femelle est un peu plus grande et de coloration plus sombre, avec des antennes à dents très courtes.

3. Heniocha Flavida, BUTLER *(Saturnia F.)*, *Ann. Nat. Hist.* (4), p. 462, 1877.

Patrie : Zambezie.

Envergure : 8 centimètres. (Pl. XII, fig. 3.)

Le fond des ailes est jaune paille, un peu verdâtre. Thorax brun olivâtre avec collier antérieur et paraptères jaune fauve clair ; abdomen de cette dernière couleur.

Ailes antérieures : la côte et la base des ailes, ainsi que les nervures sont recouvertes de couleur brun olivâtre, rayure externe sinueuse formée de deux lignes, l'interne brun foncé, l'externe de même couleur, mais devenant d'un rouge vif vers la côte.

Tache auréolée arrondie, le centre hyalin dans un cercle noir entouré d'un anneau étroit blanc, puis d'un autre anneau grenat vif.

Zone externe d'une belle couleur rose blanche sur les limites de la rayure et jaunâtre du côté de la marge.

Ailes inférieures un peu rosées sur le côté anal, le restant de l'aile de couleur jaune, sauf la zone externe qui est comme sur les ailes supérieures.

La rayure interne est indiquée par une ligne brune, l'externe par deux lignes un peu festonnées de la même couleur ; l'œil de cette aile est un peu plus petit que celui de l'aile supérieure ; la portion centrale hyaline un peu plus forte et l'anneau externe est noir au lieu de grenat.

La femelle est un peu plus grande que le mâle, les antennes sont larges, à barbules inégales.

Le mâle est de couleur un peu moins foncée.

Collection Oberthür.

4. **Heniocha Bioculata**, Aurivillius, *Aefr. Vet. Akad.* Forh XXXVI, p. 50, 1879.

> **Heniocha Dyops**, Mass et Weym, *(Saturnia D.)*, *Beitr. Schmett.* fig. 21'
> 1872.

Patrie : Afrique Australe.

Envergure : 11 centimètres. (Pl. XII, fig. 5 et 6.)

Thorax blanc avec collier antérieur fauve, abdomen et antennes de cette dernière couleur.

Ailes antérieures de couleur brune, parsemées de poils jaunes ; rayure interne sinueuse blanche, large ; externe large blanche, festonnée sur son côté interne, droite sur l'autre côté, qui est liséré de jaune et de noir ; vers l'apex, deux taches rouges accompagnées de rose sur la zone externe. Zone interne brune, avec un trait blanc dans son milieu ; zone médiane avec tache entourée de parties blanchâtres, sauf sur son côté externe ; la tache est circulaire noire avec demi-lune interne hyaline entourée d'un anneau étroit blanc, d'un autre grenat, le tout auréolé de jaune verdâtre ; zone externe brune.

Ailes inférieures blanches, une rayure brun grisâtre étroite indique la rayure interne ; zone médiane avec tache indiquée seulement par un point noirâtre, cette zone est brun grisâtre vers la rayure externe ; cette dernière comme sur l'aile supérieure. Zone externe brunâtre, marquée de blanc vers la rayure externe.

Collection de M. Oberthür.

Saturnia Dyops, de Maassen et Weymer, est une variété de cette espèce dont le bord inférieur des premières ailes est presque complètement blanc.

D'après M. Distant, qui a obtenu de nombreux spécimens de cette espèce à **Prétoria**, cette dernière varierait beaucoup ; d'autre part, la tache des ailes inférieures est parfois très nettement indiquée, d'autres fois réduite à un point et d'autres fois absente.

Nous ne connaissons pas le type de *Sat. Marnois*, de Rogenhoffer, mais, d'après la description de cet auteur, nous inclinons à la considérer comme une autre variété.

Genre. — Calosaturnia.

Smith. *Proc. U. S. Nat. Mus.* IX, p. 432, 1886.

Absence complète de rayure sur les ailes antérieures, l'ornementation de ces ailes est réduite à la tache auréolée normale et une petite tache apicale triangulaire noire, contiguë à la côte ; ce genre ne renferme qu'une espèce.

1. Calosaturnia Mendocina, Behrens *(Saturnia Aglia M.)*, *Canad. Ent.* VIII. p. 149, 1876.

Patrie : Californie.

Envergure : mâle, 6 cm.; femelle, 6 à 7 cm. 1/2. (Pl. XIII, fig. 1.)

Mâle. Ailes antérieures de couleur brun rougeâtre clair, vers l'apex une tache triangulaire noire entourée de blanc sur ses deux côtés libres, cette dernière couleur largement rehaussée de rouge sur le côté externe ; tache de l'aile à centre hyalin, très petit, dans un cercle noir entouré d'un anneau jaune et d'un autre noir externe ; un arc de squamules bleuâtres se remarque sur la moitié interne de ce dernier anneau. Un espace d'un blanc jaunâtre terne se remarque parfois vers le côté interne de la tache. Ailes inférieures d'un brun jaune, zone interne presque noire, mouchetée de quelques poils jaunes.

Rayure externe large, noire, parallèle à la marge ; tache auréolée comme sur l'aile supérieure.

Corselet de la couleur des ailes antérieures, avec collier d'un blanc jaunâtre, abdomen d'un brun foncé, antennes fauves, larges.

SATURNIENS

Fig. 1.

Fig. 2.

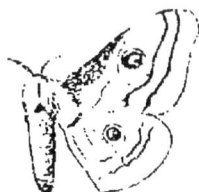

Fig. 3.

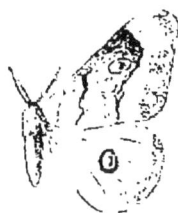

Fig. 4.

Fig. 5.

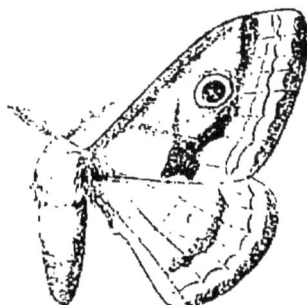

Fig. 6.

Fig. 1. *Saturnia Galbina*, Clemens.
— 2. *Heniocha Appollonia*, Cramer.
— 3. — *Auvida*, Butler.

Fig. 4. *Heniocha Terpsichore*, Maass et Wern
— 5. — *bioculata*, Aurivillius
— 6. — — var. Diops. Maass et Wern.

SATURNIENS

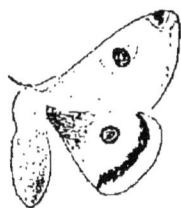

Fig. 1.

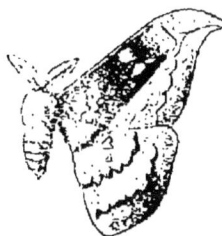

Fig. 2.

Fig. 3.

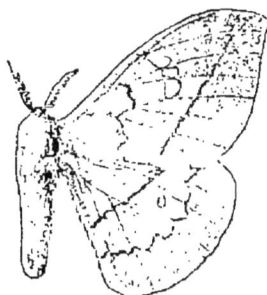

Fig. 4.

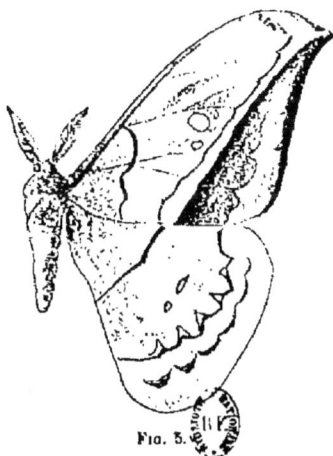

Fig. 5.

Fig. 1   *Calosaturnia Mendocina*, Bohrens.
  — 2.   *Cricula drepanoïdes*, Moore.
  — 3.   —   *multifenestrata*, Herr Schläfl.

Fig. 4.   *Cricula trifenestrata*, Helfer.
  — 5.   —   *expandens*, Walker.

Femelle. Plus large, généralement de couleur plus claire, l'espace d'un blanc jaunâtre qui n'existe pas d'une façon constante chez le mâle, existe régulièrement chez la femelle à droite et à gauche de la tache sur l'aile supérieure. Tout le reste comme chez le mâle ; antennes peu larges et simplement dentées.

Cocons très légers, demi-transparents, blanchâtres, de nature papyracée, à réseaux très fins.

Genre. — Ceranchia.

Butler. *Ann. nat. hist.*, V. p. 461. 1878.

L'article basilaire des antennes est gros et velu. Antennes noires bipectinées dans les deux sexes, un peu moins larges seulement chez la femelle ; l'article basilaire est fortement entouré de poils jaunes, ailes demi-transparentes, corps blanc jaunâtre, jaune en dessous, ainsi que les pattes.

1. **Ceranchia Apollina**, Butler, *Ann. nat. hist.*, p. 461, 1878.

Patrie : Madagascar.

Envergure : mâle, 12 à 13 centimètres ; femelle, 13 à 15 centimètres. (Pl. III, fig. 5 et 6.)

Mâle. Antennes noires bipectinées, longues et larges, article basilaire recouvert de poils jaunes ; tête, prothorax, pattes et extrémité de l'abdomen jaune d'ocre ; tout le reste blanc jaunâtre.

Les ailes sont blanches à leur base et sur le bord inférieur modérément velues, avec quelques poils jaunes tout à fait à la base ; elles deviennent demi-transparentes au delà.

La côte antérieure et les nervures sont noires, rayure interne non nébuleuse formée de quelques poils noirs faiblement disséminés sur la surface de l'aile, la zone médiane en est aussi faiblement recouverte ; au delà de la tache se remarque une rayure pincée de poils noirs plus large vers le bord inférieur de l'aile que vers la côte où quelquefois elle disparaît ; au delà de cette bande transparente se trouve la zone externe plus fortement parsemée de poils noirs, marge noire.

Tache des ailes ovale ; au centre, un petit point hyalin entouré d'un ovale orangé, auréolé de noir ; ailes inférieures avec une rayure interne ; l'externe souvent effacée.

Chez les femelles, les taches des ailes supérieures sont plus ou moins privées de la couleur orangée et les antennes sont bipectinées, mais moitié moins larges que chez les mâles.

Le cocon est double, l'un intérieur assez riche en soie de couleur gris doré, l'autre extérieur fortement réticulé. Ce papillon n'est pas rare dans le Betsileo.

Ceranchia Apollina, var. reticolens, Butler, *Cist. Ent.* III, p. 19, 1882. (Pl, III, fig. 4.)

Variété dans laquelle le noir envahit un peu plus le fond de l'aile, la zone externe est presque complètement noire, le cocon est plus largement réticulé, un peu plus large et de coloration gris brun argenté ; il est fixé sur les branches à la bifurcation de plusieurs rameaux.

Ceranchia Apollina, var Cribrelli, Butler. *Cist. Ent.* III, p. 20, 1882. (Pl. IV, fig. 4.)

Variété de taille plus grande que le type, le fond des ailes est plus enfumé, surtout chez les femelles ; la rayure externe se rapproche de la base de l'aile par son côté inférieur chez la femelle ; chez le mâle, au contraire, elle s'en éloigne pour se rapprocher de l'angle inférieur externe.

Chez ce dernier, les parties noires sont aussi très accentuées et très abondamment parsemées de poils noirs ; chez la femelle, les rayures, au contraire, sont très faiblement indiquées. Le cocon est moins réticulé que dans le type, d'un gris argenté légèrement rosé, quelques cocons mêmes ne le sont pas du tout.

2. Ceranchia Mollis, Butler, *Trans. Ent. Soc. Lond.* 1889, p. 391, t. XII, fig. 5.

Patrie : Mombasa (Est Africain).

Envergure : femelle, 10 centimètres. (Pl. IV, fig. 5.)

Corselet et abdomen blancs, ce dernier annelé de jaunâtre. Ailes supérieures traversées par une ligne oblique blanche partant du milieu de la côte antérieure et rejoignant presque l'angle inférieur externe. Cette fascie blanche est nettement indiquée sur son côté interne, mais sur l'autre côté elle est insensiblement fondue avec le brun grisâtre de l'aile ; la tache est ovale, noire, cerclée de blanc et d'un anneau externe rouge carmin. Les ailes inférieures sont blanches dans leur deux tiers basal, la tache est un peu plus petite que sur l'aile supérieure, noire, cerclée très finement de blanc et de rouge. Antennes brun foncé.

Collection de M. W. Rothschild.

Cette espèce devrait constituer un genre nouveau, car elle n'a aucun rapport avec les espèces qui portent ce nom.

3. **Ceranchia Ansorgei**, W. Rothschild, *Novitates Zoologicae*. p. 309, pl. VII, fig. 5, 1897.

Patrie : Kiboko-river (Uganda).

Envergure : mâle, 9 centimètres. (Pl. IV, fig. 6.)

Diffère de *C. Mollis Butl.* par la présence d'une rayure externe blanche nettement indiquée sur les deux ailes.

Ailes antérieures châtain, légèrement plus claires vers la région costale, rayure interne large, blanche, presque droite, légèrement bordée de jaune à la base ; rayure externe légèrement curvée vers la côte, presque marginale, blanche, légèrement lisérée extérieurement et dans sa portion supérieure par une ligne d'un rouge brique ; la tache est un petit point noir annelé de blanc, de noir et de jaune.

Ailes inférieures blanches depuis la base jusqu'un peu au delà de la tache, devenant graduellement brunes jusqu'à la rayure externe qui est blanche, lisérée de jaune extérieurement ; la zone externe est très étroite, brune, la tache est réduite à un simple point noir non auréolé.

Dessous, ailes antérieures châtain grisâtre foncé, blanches près de la base ; rayure interne indistincte, externe comme dessus, sur la tache, les deux anneaux externes manquent ; ailes postérieures comme dessus, mais la région antérieure châtain sombre près de la base, la couleur blanche se trouvant réduite à une large tache s'étendant de la base à l'extrémité de la tache limitée antérieurement par la nervure sous-costale ; zone externe comme dessus. Tête, dessous de l'abdomen et jambes châtain légèrement jaunâtre.

Cette espèce a été capturée au commencement de novembre par M. le Dr Ansorge.

Collection W. Rotchschild.

GENRE. — **Eochroa**.

FELD., *Reise de Novara, Lep.*, IV, pl. 85, fig. 6, 1874.

1. **Eochroa Trimenii**, FELDER, *Reise de Novara, Lep.* IV, pl. 85, fig. 6, 1874.

Patrie : Afrique Méridionale, Cafrerie.

Envergure : mâle, 5 cm. 1/2 à 7 centimètres ; femelle, 8 centimètres. (Pl. XV, fig. 1 et 2.)

Couleur foncière rose vif vineux.

Mâle. Front et bordure des paraptères d'un jaune d'or, thorax de la couleur des ailes, abdomen jaune annelé de noir, antennes fauves largement denticulées, bipectinées, la dent basale des articles longue et un peu recourbée à son extrémité, l'autre plus courte, pointue, toutes les deux ciliées ; rayure interne noire, étroite, sinueuse, convexe ; rayure externe sensiblement parallèle à la marge et insensiblement festonnée; zone externe de deux couleurs, séparées par une fascie noire en forme de grains de chapelet, la moitié interne est de la couleur foncière rose, l'autre moitié d'un jaune d'or vif.

Tache de l'aile hyaline, lenticulaire, petite, entourée d'un anneau étroit blanc, d'un autre assez épais orangé, d'un autre étroit blanc et le tout auréolé de noir. Ailes inférieures sans rayure interne, externe indistincte ; tache comme sur les ailes supérieures, mais plus petite.

La femelle est un peu plus grande que le mâle et ses antennes sont à peine denticulées.

Cet insecte n'est pas rare à Cape-Town, en octobre.

GENRE. — **Henucha**.

GEYER, *Samml. ex. Schmett.*, III, 1837.

Papillons recouverts de poils jaunes recourbés, rares, disséminés sur le fond des ailes.

1. **Henucha Smilax**, FELD. *(Holocera S.)*, *Reise de Novara* Lep., IV, pl. 88, fig. 4 et 5, 1874.

Patrie : Cap de Bonne-Espérance.

Envergure : mâle, 6 cm. 4 ; femelle, 9 cm. (Pl. VI, fig. 1.)

SATURNIENS

Fig. 1.

Fig. 2.

Fig. 4.

Fig. 3.

Fig. 1.   *Lœpa Oberthuri*, Leech.
 — 2.   —   *Katinka*, Westw., femelle.
Fig. 3.   *Lœpa Miranda*, Moore.
 — 4.   —   *Katinka*, Westw., mâle.

Mâle. Couleur foncière, varie du brun rouge clair au brun olivâtre. Ailes antérieures incurvées dans leurs deux premiers tiers, coudées brusquement au delà et presque droites jusqu'à l'apex, ce dernier arrondi et la marge de l'aile est fortement incurvé en dessous. Ailes inférieures plus longues que larges, avec la marge incurvée. Antennes largement pectinées dans leur première moitié, impectinées au delà ; collier antérieur d'un gris brunâtre, thorax de la couleur foncière, plus vive sur le milieu.

Zone interne plus foncée dans la moitié inférieure, rayure interne indiquée par une ligne sinueuse plus claire partant du milieu de la côte antérieure où elle est large et bordée sur son côté interne d'une tache brune, pour descendre obliquement sur le premier tiers du bord inférieur de l'aile ; la rayure externe très étroite, de couleur claire, est très convexe dans sa partie supérieure, concave en dessous de la tache.

Zone médiane d'un brun plus foncé, contenant la tache vitrée dont la forme rappelle celle d'une feuille trilobée avec un pédoncule élargi à son extrémité ; cette tache est lisérée de brun très foncé ; zone externe d'un brun plus vif dans sa portion supérieure, d'un brun pâle en dessous. Contre la côte, vers l'apex, un petit espace d'un brun rosé recouvert de poils aplatis.

Ailes inférieures d'un brun pâle dans la portion antérieure et sur toute la zone externe, d'un brun plus foncé sur le restant de l'aile ; la tache de cette aile est hyaline, étroite, arquée, lisérée de brun noirâtre.

Femelle. Les ailes antérieures ne sont pas incurvées dans leurs deux premiers tiers, mais le coude existe comme dans le mâle, l'apex est plus pointu et la marge à peine incurvée.

2. **Henucha Dewitzi**, MAASS ET WEBB *(Ludia D.), Beitrag. Schmett.*, 90, 91, 1886.

Patrie : Cap de Bonne-Espérance.

Envergure : mâle, 5 à 6 centim.; femelle, 7 cm. (Pl. VI, fig. 4 et 5.)

Couleur foncière brun sépia, collier antérieur jaune, thorax brun, abdomen brun annelé de jaune, moitié externe de la côte des ailes antérieures rouge carminé. Le mâle diffère de la femelle en étant plus petit, par ses antennes pectinées largement dans la moitié basale seulement et impectinées au delà et aussi par les ailes antérieures dont la

6

côte est incurvée, ainsi que la marge externe, tandis qu'elle ne l'est pas dans la femelle.

Rayure interne convexe formant trois festons irréguliers de couleur jaune pâle ; externe, sensiblement parallèle à la marge formée de festons jaunes, lisérés sur le côté interne de noir, tache de l'aile vitrée en forme de fer à cheval, lisérée de noir dans un cercle jaune.

Ailes inférieures : moitié basale, d'un rouge carmin, l'autre moitié brune, tache comme sur l'aile supérieure, mais le cercle jaune, un peu plus grand, et le fer à cheval hyalin, plus petit, le cercle jaune entouré d'un espace noir bleuâtre ; contre la marge qui est jaune, chaque nervure est indiquée en noir jusqu'à l'extrémité, ce qui forme des festons jaunes tout le long des marges.

Thorax et abdomen et tout le fond des ailes, sauf la partie rouge, sont parsemés de poils aplatis de couleur jaune terne.

Collection B. M. Oberthür, Berlin.

La couleur générale est plus sombre et plus cendrée que dans le mâle, les antennes n'ont pas de dents apparentes et paraissent testacées.

On ne remarque pas dans cette espèce les poils aplatis blanchâtres que l'on remarque dans les autres espèces congénères.

Collection du Laboratoire.

3. **Henucha Grimmia**, Geyer., *Zubraege exotisch.*, *Schmett.*, 1837, III.

Phalaena Grimmia, Hubn, *Exot. Schmett*, f. 3 et 4.

Patrie : Afrique Sud.

Envergure : 8 centimètres. (Pl. VI, fig. 6.)

Nous n'avons pas vu cette espèce, qui n'est représentée dans aucune collection à nous connue ; nous en donnons la figure d'après celle de Geyer.

4. **Henucha Delegorguei**, Boisd (*Saturnia D.*), Delegorgue, *Voyage Afrique Australe*, 11, p. 601, 1847.

Saturnia Delegorguei, Westw. *Proc. Zool. Soc. Lond.*, 1849, p. 56. pl. 10, fig. 4.
Ludia Delegorguei, Wallengr, *Vet Akad. Handl*, p. 25, 1865.

Patrie : Natal.

Envergure : mâle, 4 cm. 8 ; femelle, 6 cm. 4. (Pl. VI, fig. 3.)

Mâle. Ailes antérieures longues et étroites, arrondies au sommet, échancrées en dessous et légèrement dentelées. La côte antérieure est un peu incurvée dans ses trois premiers quarts, puis elle se coude et devient convexe jusqu'à l'apex. Couleur foncière gris brun ; rayure interne droite, légèrement échancrée dans son milieu, externe prend naissance vers les trois quarts de la côte, s'excurve fortement pour devenir parallèle à la marge jusqu'à la nervure 2 ; au delà, elle rejoint l'angle externe inférieur de l'aile.

Zone interne de la couleur foncière dans sa moitié supérieure, brune dans son autre moitié ; médiane, complètement brune, sauf vers la côte où l'on retrouve un peu la couleur foncière et vers la base où la couleur brune prend une teinte rougeâtre ; externe, un peu brunâtre vers l'apex et contre la marge ; tache vitrée, trilobée, étroite. Ailes inférieures allongées à angle anal aigu, moitié antérieure jusqu'à la zone externe d'un rouge carmin, l'autre moitié brune ; tache vitrée en forme de fer à cheval, très étroite ; quelquefois les deux extrémités seules sont visibles, très finement bordées de noir dans un cercle jaune de chrome, inscrit dans un espace de couleur noir ardoisé profond. Le thorax, l'abdomen et la base des ailes sont parsemés de poils aplatis d'un blanc jaunâtre disséminés clairement. Antennes bipectinées et fortement ciliées dans leur moitié basale, impectinées au delà.

Femelle. Antennes unies, impectinées, presque aussi larges que celles du mâle et palmées dans toute leur longueur ; les ailes antérieures ont leur sommet pointu et sont insensiblement échancrées en dessous, la coloration est plus claire, la couleur rouge des inférieures est beaucoup plus affaiblie, mais les taches sont peu apparentes.

Les poils blanchâtres aplatis, qui sont très profondément répandus chez le mâle, sont très rares chez la femelle.

5. **Henucha dentata**, HAMPSON, *Ann. nat. Hist.*, (7), VI, p. 184, 1891.

Patrie : Subaki district Est africain.

Envergure : femelle, 6 cm. 8. (Pl. VI, fig. 2.)

Femelle. Ailes antérieures échancrées au-dessous de l'apex jusqu'à la nervure 4 ; la marge est dentelée en dessous, la coloration est la même que celle de *Hansalii* ; rayure externe semblable à celle de *Delegorguei*. La rayure interne plus sinueuse que chez cette dernière espèce. La tache des ailes supérieures est plus grande et plus profondément découpée ; enfin, au-dessous, un petit point hyalin, isolé.

Sur les ailes inférieures, l'espace noir ardoisé entourant la tache est plus large.

Type au B. M.

6. **Henucha Hansalii**, FELDER *(Ludia H.)*, *Reise de Novara Lep.*, IV, pl. 89, fig. 1, 1874.

Patrie : Nord de l'Abyssinie.

Envergure : mâle, 5 cm. 1/2 ; femelle, 6 cm. (Pl. VI, fig. 7 et 8.)

Mâle. L'extrémité des ailes antérieures est tronquée jusqu'à la nervure 4, au-dessous, elle est dentelée ; rayure interne bien caractérisée, un peu dentelée ; zone interne brune à la base, devient brun jaune clair contre la rayure ; zone externe brune vers la marge, s'éclaircit et devient presque jaune vers la rayure ; la rayure médiane est complètement brune, la tache est légèrement arquée, auréolée de brun clair. Ailes inférieures rose vineux dans la moitié interne, brune au delà. La tache hyaline est en forme de fer à cheval, suivie d'un petit point blanc au centre d'un cercle jaune inscrit dans un espace d'un noir ardoisé qui se prolonge jusqu'au bord anal.

Antennes à derniers articles impectinées.

Femelle. Les ailes antérieures ne sont pas dentelées et la marge non cintrée, la rayure interne est à peine visible, la tache de l'aile supérieure est de forme irrégulière, étroite, hyaline, non auréolée.

La côte des ailes antérieures est complètement revêtue de poils blancs et bruns.

Tache vitrée de l'aile supérieure non ocellée.

B. M. et W. Rothschild.

GENRE. — **Goodia**.

1. **Goodia Hollandi**, BUTLER, *Proceed. Zool. Soc. London*, 1898, p. 430, pl. 33, fig. 1.

Patrie : Afrique centrale, rives du Tanganika.

Envergure : mâle, 6 cm.; femelle, 6 cm. 1/2. (Pl. XXVI, fig. 3.)

Mâle. Antennes fauves, bipectinées, assez grandes, couleur générale jaune fauve, nuancée de rose et de jaune vif.

Ailes antérieures, côte d'un blanc rosé maculé de petits points violacés ; zone interne jaune pâle, rayure interne brun rouge, festonnée, très mince. Tache de l'aile hyaline, étroite, arquée, lisérée finement

SATURNIENS

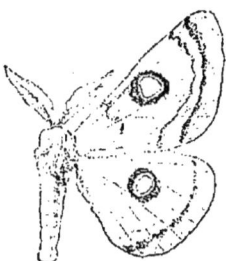

Fig. 1.

Fig. 2.

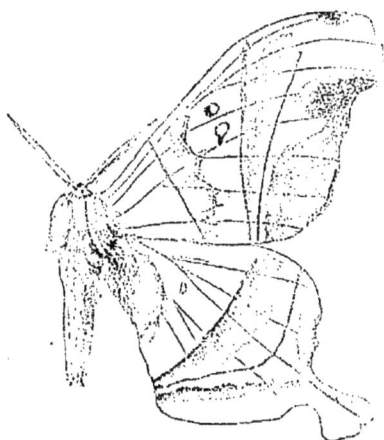

Fig. 4.

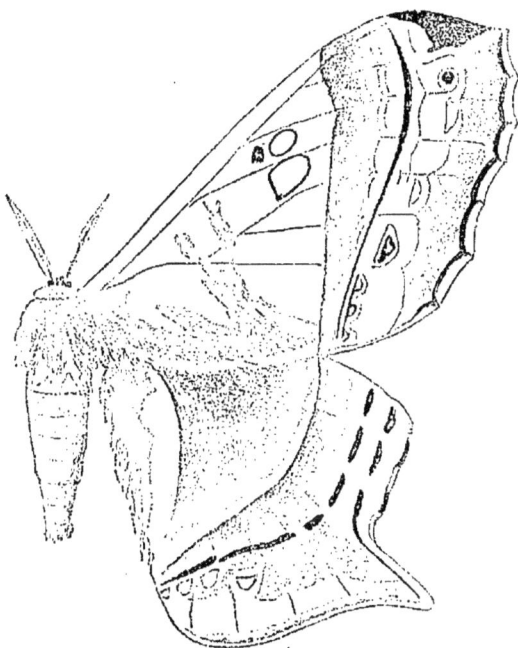

Fig. 3.

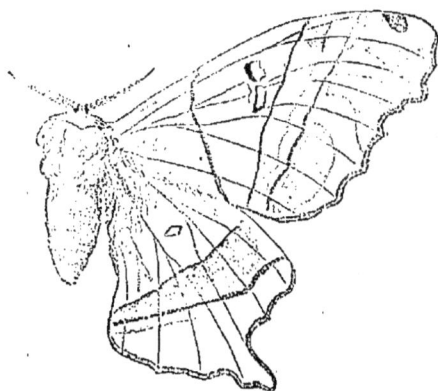

Fig. 5.

Fig. 1.   *Eochroa Trimenii*, Felder
— 2.   —   —   —

Fig. 3.   *Disdæmonia Tamerlan*, Maass et Wern.
— 4.   —   *Borcas*, Cramer.
— 5.   —   *Auster*, Felder.

SATURNIENS

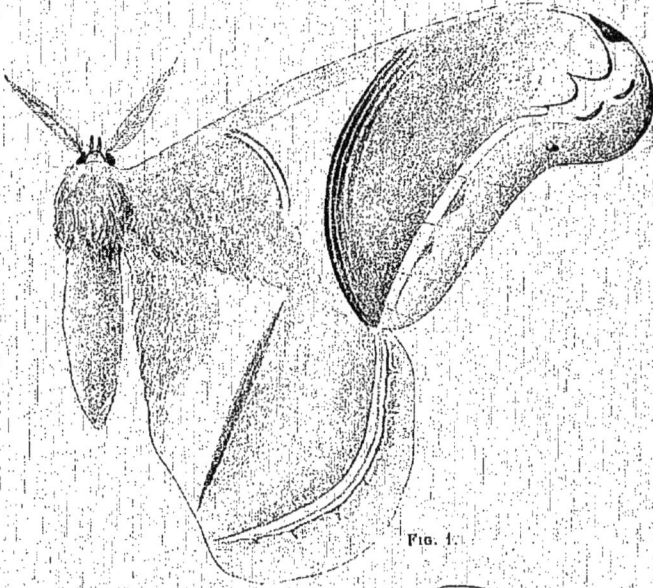

FIG. 1.

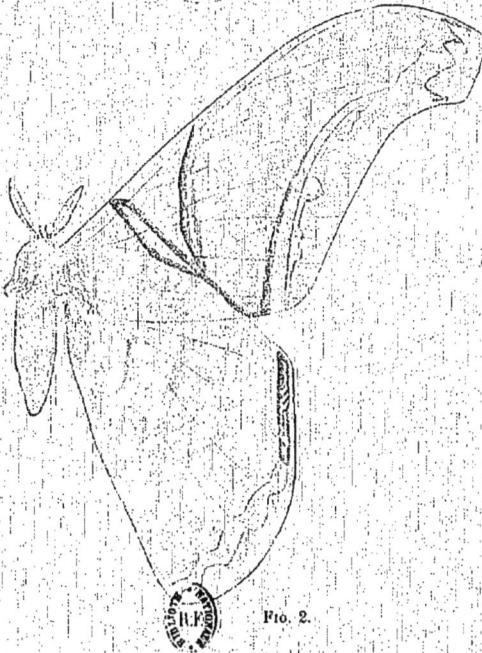

FIG. 2.

Fig. 1. *Rhescynthis hippodamia*, Cramer.
— 2.   —   *norax*, Druce.

de brun rouge vif. Cette tache est accompagnée extérieurement d'un espace brun orange vif qui s'atténue en se rapprochant de la rayure externe où il devient d'un jaune d'or brillant jusqu'à l'apex; à l'extrémité inférieure de la tache existe une fascie nébuleuse brun sombre qui vient se réunir à la base de la rayure interne, entre cette fascie et la côte la zone médiane est d'un rose clair légèrement jaunâtre. Rayure externe brune très festonnée et très convexe, se terminant sur le bord inférieur de l'aile par un empâtement de poils noirs mélangés de poils blancs.

Marge brune, bordée d'une ligne brun clair, cette dernière suivie à son tour d'un espace violacé qui se fond insensiblement avec la couleur jaune de la zone externe. Ailes inférieures sans rayure interne ni tache, rayure externe seule visible, frange alternée de brun lilas et de jaune ; la zone externe, qui est jaune, devient d'un beau lilas clair près de la marge. Sur le milieu de l'aile, une tache brune nébuleuse un peu rougeâtre. Sur l'aile supérieure seulement, on remarque de gros poils aplatis jaunes, faiblement disséminés.

Le dessous présente des macules nombreuses brunes sur un fond jaune roux qui devient rouge violacé pâle vers la base des ailes et contre les marges ; la tache vitrée supérieure est visible et sur l'aile inférieure on remarque une ligne arquée à la place de la tache absente. Pattes d'un brun violet, parsemées de poils jaunes.

Femelle. Même coloration que le mâle, mais sur l'aile inférieure la tache est représentée par un point sombre un peu plus accentué que chez le mâle ; les ailes supérieures ont leur marge convexe et les antennes sont à articles obtusément dentés.

Collection Oberthür et B. M.

2. Goodia Ansorgei, KIRBY. — Goodia Kuntzei, DEWITZ.

Une femelle de cette espèce a été décrite sous ces deux noms. Les ailes sont un peu moins pointues que dans *Hollandi*, la couleur plus rougeâtre, les antennes sont épaisses, sans barbules et les articles sont légèrement dilatés dans leur milieu.

3. Goodia Nubillata, HOLL.

Patrie : Ogove-River (Afrique Sud).
Envergure : femelle, 9 centimètres. (Pl. XXVI, fig. 4.)
Femelle. Antennes étroites et épaisses sans dentelure, d'un jaune brunâtre clair, une petite tache hyaline en losange sur les ailes supé-

rieures. La portion antérieure basale de ces ailes est fortement recouverte de squamules blanchâtres, le restant de l'aile jaune ombré de
gris sombre.

La rayure interne est oblique, brisée, étroite, brun rougeâtre ; l'externe, indiquée seulement par quelques points bruns sur les nervures,
vers l'apex existe un espace mal défini, d'un jaune plus clair, ainsi
qu'un autre plus petit entre la tache et la rayure externe.

Les ailes inférieures sont d'un jaune un peu plus clair rosâtre vers
le bord anal, pas de rayure interne ni de tache ; rayure externe plus
distincte indiquée par des festons bruns.

Le fond des ailes est parsemé, sauf sur la zone interne, de petites
macules brunes irrégulières ; le thorax et l'abdomen d'une jaune un
peu plus rosé.

Côte des ailes antérieures et collier du thorax d'un blanc rosé.

Collection B. M.

4. Goodia fulvescens, Sonthonnax, *Annales du Laboratoire d'Études de la Soie*, p. 157, pl. 3, fig. 3, 1897-1898.

Patrie : Congo.

Envergure : mâle, 8 centimètres. (Pl. XXVI, fig. 5.)

Ailes antérieures longues, falquées, arrondies vers l'apex. Coloration
générale fauve jaunâtre vif, plus clair vers la côte et l'apex. Antennes
fauve clair, collier antérieur et thorax de couleur rosée fortement
lisérée de rouge brun ; côte antérieure rosée, maculée de petites taches
rouges, des vestiges de rayure interne indiqués par quelques traits et
quelques points rougeâtres.

Tache hyaline en arc brisé très étroit, liséré de rouge brun ; au
delà de cette tache se remarque sur la côte une tache rouge en forme
de V et au-dessous un espace fauve foncé chargé de squamules lilas ;
cette couleur lilas cendré se retrouve au-dessous entre les nervures
2 et 3, 3 et 4 ; deux lignes en festons anguleux n'atteignent pas le
bord antérieur séparant la zone médiane de la marge ; l'interne de
ces lignes brun rouge, l'externe plus sombre, marge lisérée de brun
rouge ; ailes inférieures allongées avec l'angle anal aigu, pas de tache,
seules les deux lignes de l'aile supérieure sont visibles, ainsi que la
lisière rouge brun de la marge.

On remarque sur les ailes inférieures, ainsi qu'au bas des supérieures, des faisceaux irréguliers de poils aplatis blancs.

Genre. — **Guillemeia.**

Sonthonnax, *Ann. Lab. Études de la Soie*, IX, p. 158
1897-1898.

Voisin des genres *Holocera* et *Goodia*, il se rapproche aussi du genre *Henucha*.

Comme caractère commun, les papillons de ce genre ont tous, comme ceux des genres précités, des poils aplatis de couleur blanchâtre, disséminés irrégulièrement sur tout le corps et sur la plus grande partie de la surface des ailes.

Allié au genre *Holocera* par la forme générale et par les antennes qui ne sont pectinées seulement que dans leurs deux premiers tiers, il se rapproche aussi du genre *Henucha* par les taches des ailes qui sont multiples et irrégulières chez les femelles ; mais il diffère de ces deux genres par la coloration monochrome et par les taches hyalines multiples et isolées qui ornent les ailes.

Nous dédions ce genre au R. P. Guillemé, missionnaire catholique de la Société des P. P. Blancs, dont les recherches si intelligentes et si dévouées à l'histoire naturelle ont contribué à nous faire connaître plusieurs espèces nouvelles du continent africain.

1. Guillemeia Tristis.

Patrie : Cameroon.

Envergure : mâle, 7 cm. 1/2. (Pl. XXVI, fig. 1.)

Mâle. Antennes fauves bipectinées dans leurs deux premiers tiers, on remarque à leur base une touffe assez forte de poils grisâtres ; couleur foncière gris olivâtre marbré de brun foncé ; corselet brun noir avec collier antérieur gris brun, abdomen gris brun, marqué d'une double fascie transverse vers son premier tiers ; cuisses brunes parsemées de quelques rares poils gris, tarses bruns annelés de gris.

Sur l'aile supérieure, la rayure interne est brisée, noirâtre, étroite, bordée de blanc vers la côte ; au-dessous, elle est recouverte, ainsi que son entourage, de squamules grisâtre clair ; rayure externe en festons, bordée de blanc de chaque côté, vers la côte seulement ; zone externe ombrée de brun olivâtre vers la marge et un peu au dessous de l'apex ; les taches vitrées sur cette aile sont très petites, multiples et inscrites dans un espace réniforme de la couleur foncière entouré de brun foncé, la tache supérieure est arquée, on en remarque une autre petite ronde un peu au-dessous et à droite, et deux autres rondes également au-dessous. Les ailes inférieures sont allongées et pointues vers l'angle anal, rayure interne nébuleuse, bien visible seulement sur le bord anal; externe festonnée, parallèle à la marge ; on ne remarque sur cette aile que deux petites taches hyalines : l'une supérieure subtriangulaire allongée, l'autre supérieure arrondie plus petite.

Sur la zone interne de l'aile supérieure et sur les zones interne et médiane de l'aile inférieure se trouvent également disséminés de gros poils aplatis d'un gris blanchâtre.

Le dessous est assez uniforme, les ailes inférieures sont plus fortement chargées de poils blancs, les taches hyalines sont visibles, mais ne sont pas entourées de couleur sombre.

La femelle nous est inconnue.

2. Guillemeia Incana.

Patrie : M'Pala (région du lac Tanganika).

Expansion alaire : femelle, 7 cm. 1/2. (Pl. XXVI, fig. 2.)

Cet insecte est assurément du même genre que l'espèce précédente, mais nous ne croyons pas qu'il soit la femelle de cette espèce.

Femelle. Couleur foncière gris brun rosé clair, antennes étroitement et simplement pectinées seulement dans les deux premiers tiers. Pattes brun rosé, cuisses unicolores, tarses annelés de jaune seulement sur le bord supérieur.

Ailes supérieures, rayure interne et externe en festons d'un brun noirâtre, bordées sur la côte de squamules blanc rosé ; au-dessous, une traînée blanchâtre recouvre les festons. Les taches hyalines sont irrégulières : la partie supérieure en demi-lune, la médiane presque rectangulaire, l'inférieure réniforme ; quelquefois, cette dernière s'arrondit et conserve un point squameux isolé à son centre.

Ailes inférieures avec tache irrégulière dentée, vitrée.

Le thorax et l'abdomen d'un gris brun rosé présentent fortement disséminées sur toute leur surface, ainsi que les zones interne et médiane, des squamules blanchâtres larges, les zones externes n'en sont que très peu revêtues.

Le dessous est uniforme de teinte et présente de très rares poils blanchâtres disséminés.

SATURNIENS

FIG. 1.

FIG. 2.

FIG. 3.

FIG. 4.

Fig. 1. *Titea orsinome*, Hubner.
 — 2. *Urota sinope*, Westwood.

Fig. 3. *Perisomena cæcigena*, Kupido, femelle.
 — 4. —   —   —   mâle.

Cette espèce est représentée dans cette collection par plusieurs spécimens, mais tous femelles, elle a été rapportée de M'Pala par le R. P. Guillemé.

GENRE. — **Dysdæmonia**.

Hübn., *Verz. bek. Schwett*, p. 151. 1822.

1. **Dysdaemonia Boreas**, CRAMER *(Attacus B.). Pap. exot.* pl. 70, 1775.

Aricia Auster. Feld, *Reise de Novara, Lep*, IV, pl. 91, fig. 3. 1868.

Patrie : Amérique tropicale, Mexique, Pérou, Brésil, Antilles, Guyane.

Envergure : femelle, 10 centimètres. (Pl. XV, fig. 4 et 5.)

Antennes à articles courts et très cintrés, à denticules doubles réguliers, fortement ciliés, de couleur gris brun ; couleur générale gris jaunâtre, variant jusqu'au gris brun. Palpes longs, mais ne dépassant pas la face antérieure de la tête.

Mâle. Ailes supérieures tronquées et dentelées, cintrées au-dessous de la troncature.

Rayure interne oblique, rectiligne, d'un brun clair ; sur le milieu de l'aile deux taches vitrées en demi-lune, irrégulièrement bordées de brun. Au delà de ces taches, une ligne un peu courbée transverse, qui descend de la côte antérieure sur le bord inférieur de l'aile où elle rencontre la base de la rayure externe ; cette dernière s'écarte de cette ligne pour rejoindre la côte en s'excurvant. Sur la zone externe une tache brune ; sur la côte et au-dessous de la troncature, un espace brun mal défini et au-dessous quelques ombres de cette même couleur.

Ailes inférieures : tache vitrée, très petite, ovale, pas de rayure interne, mais la ligne transverse et la rayure externe existent ; en plus, une ligne brune se remarque au delà de la rayure, n'atteignant que la moitié anale de l'aile ; le contour de cette aile est orné d'un prolongement soutenu par les nervures 4 et 5 et qui se termine par un élargissement en forme de massue.

La femelle a les antennes un peu moins larges et moins ciliées ; la coloration est généralement plus claire et le prolongement de l'aile

7

inférieure se termine par une pointe au lieu d'être en forme de massue comme dans le mâle.

Les taches vitrées sont un peu plus larges, l'une tangente à la nervure 5 et qui se courbe à angle droit pour la contourner, l'autre traversée obliquement par la nervure intercostale près de son bord interne.

Le dessous des ailes est d'un gris uniforme sauf vers l'apex où la couleur devient presque blanche ; la ligne transverse et la rayure externe sont indiquées en brun.

Collection du Laboratoire et dans presque toutes les collections.

2. **Dysdaemonia Tamerlan**, Maas. et Weym. *Beitrage Schmett.*, 1, fig. 10, 1869.

Patrie : Brésil. (Pl. XV, fig. 3.)

Nous n'avons pas vu cette espèce, sur laquelle nous n'avons aucun renseignement ; nous ne pouvons que renvoyer à l'ouvrage de Maas et Weym.

La plus grande envergure, la coloration plus vive et la troncature des ailes antérieures à peine distincte que l'on remarque dans la figure donnée par ces auteurs en font en effet une espèce bien spéciale.

Genre. — **Titæa**.

Hübn., *Samml. ex. Schmett*, II, 1824.

1. **Titaea Orsinome**, Hübner, *Sammezl. ex. Schmett*, II.

Latifasclata, Walk. *(Rhescyntis Latifasciata), C. L. B. M.*, VI, p. 132, (1850).

Patrie : Amérique du Sud.

Envergure : 14 centimètres. (Pl. XVII, fig. 1.)

Antennes de plus de quarante articles, ciliées ; nervures 5 et 6 réunies par un angle obtus ; ailes antérieures tronquées à l'extrémité, inférieures ornées d'un prolongement latéral court, en forme de dent. Couleur générale brun ocreux, rayure interne d'un brun noir, rectiligne, rayure externe un peu sinueuse, de la même couleur. Sur la zone interne, la portion contiguë à la rayure est recouverte de poils d'un rose grisâtre ; sur la zone médiane, le milieu seulement est recouvert de poils semblables, ainsi que, sur la zone externe, toute la portion contiguë à la rayure et à la côte. La tache se compose d'un très petit point vitré et tangent à une faible ligne brunâtre, terminée par deux points de même couleur.

Frange de l'aile brune dans ses deux tiers supérieurs.

Ailes inférieures sans tache, portion basale brun noirâtre, rayure externe brun noirâtre étroite du côté anal, s'élargissant en se rapprochant du bord antérieur.

Corps de la couleur des ailes, avec des poils gris rosé.

B. M. Espèce très rare.

Genre. — **Arsenura.**

Dunc., *Mat. Libr.*, *Exotic Noths*, p. 125, 1837.

Corps très allongé. Les mâles ont les ailes inférieures ornées d'une saillie sur le milieu de la marge ; cette saillie manque chez les femelles; plus de quarante articles aux antennes ; celles-ci longues, à barbules courtes, à articles bipectinés ; les dents basilaires plus longues, fortement ciliées ; palpes allongées dépassant le chaperon.

1. **Arsenura Richardsoni**, Druce, *Ann. Nat. Hist.* (6), p. 215, 1890, *Biol. Centr. Amer*, liv. 138, p. 421, pl. 83, fig. 1, 1897.

Patrie : Mexique.

Envergure : mâle, 13 cm. 1/2. (Pl. XVIII, fig. 1.)

Mâle. Couleur générale fauve brunâtre.

Ailes antérieures : rayure interne sinueuse brune, très apparente au-dessous de la nervure médiane, obsolète au-dessus. Tache demi-lunaire d'un brun jaunâtre, lisérée de brun noir ; rayure externe brun noirâtre très accentuée, ondulée et festonnée, lisérée extérieurement d'une ligne étroite fauve clair et accompagnée d'une bande dentelée du côté de la marge d'un gris légèrement saupoudré de lilas ; les dentelures du haut terminées par une teinte de couleur garance ; vers l'apex et sur la côte une tache noire veloutée. Sur la zone médiane, une ligne ondulée brune, nébuleuse, traverse l'aile de la côte au bord inférieur ; un peu au delà de la tache, la portion comprise entre cette ligne et la rayure externe est d'un brun plus foncé. La zone externe est d'un brun pâle rougeâtre. Toutes les ailes sont parsemées de petites écailles noires et d'autres un peu grisâtres et la base de toutes les ailes est fortement garnie de poils fauves.

Ailes inférieures sans tache apparente ni rayure interne, une saillie latérale sur le pourtour, assez pointue. Le dessous est d'une couleur fauve pâle, toutes les ailes avec leur moitié externe d'un blanc grisâtre, fortement parsemées de brun pâle, et croisées par deux indistinctes lignes brunes ; les zones externes et les franges d'un brun pâle.

Tête, thorax, abdomen, pattes d'un fauve brun, les antennes d'un brun jaunâtre.

2. **Arsenura Pluto**, WESTW. *(Saturnia P.) Proceed. Zool. Soc. London*, 1853, p. 164.

Aricia **Pluto**, Maass et Weym, *Beitr. Schmett.*, fig. 4, 1869.

Tacles Kadenu, Herr, Shaefl, *Aussereurop Schmett*, I, fig. 444, 1855.

Dysdoemonia **Pluto**, Kadenu et W. F. Kirby, *Syn. Catal. Lep. Heter*, p. 768, 1892.

Patrie : Brésil, Venezuela.

Envergure : 15 centimètres.

Les ailes antérieures ont pour couleur foncière le brun rouge sombre; cette couleur est interrompue par des fascies transverses d'un gris ardoisé. Rayure externe formée de deux lignes étroites parallèles d'un brun noirâtre, bien visibles de la base de l'aile jusqu'à sa rencontre avec la nervure 4 ; au-dessus, ces deux lignes s'écartent et deviennent nébuleuses, puis tout à fait indistinctes en se rapprochant de la côte antérieure ; l'espace compris entre ces deux lignes est recouvert de squamules gris violacé ; cette couleur est plus accentuée, presque blanche vers le bord inférieur de l'aile que vers la côte où elle est presque nulle. La tache de l'aile est indiquée par un espace linéaire de la couleur foncière, sans aucune trace de poils gris ardoisé, ainsi que deux autres lignes transverses entre la tache et la base de l'aile.

Les surfaces intranervales de la zone externe sont recouvertes de gris ardoisé, les nervures sont de la couleur foncière.

Ailes inférieures : zone interne et médiane d'un brun moins rouge que sur les supérieures ; sur le milieu de la zone médiane, au delà de la tache qui n'est indiquée que par un point sombre, se trouve une fascie d'un brun sombre, large, presque indistincte.

La rayure externe est coudée à angle droit, brune, nébuleuse, accom-

SATURNIENS

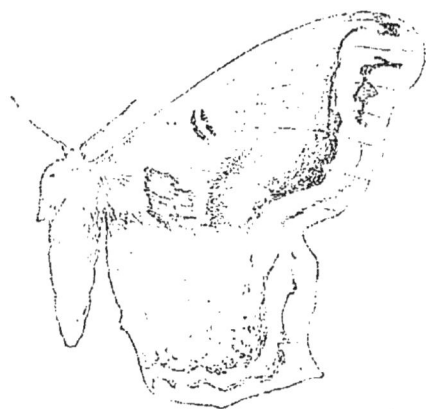

FIG. 1.

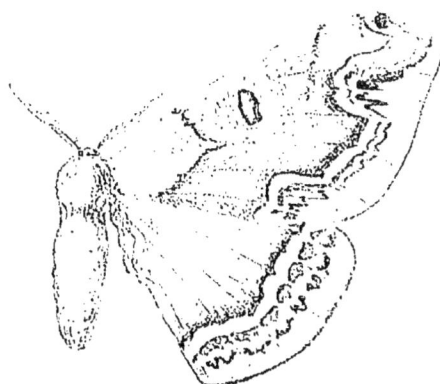

FIG. 2.

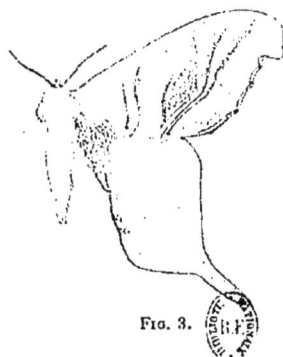

FIG. 3.

Fig. 1. *Arsenura Richardsoni*, Druce.
— 2.   —   *Xanthopus*, Walker.
— 4.   —   *Orsilochus*, Hübn.

SATURNIENS

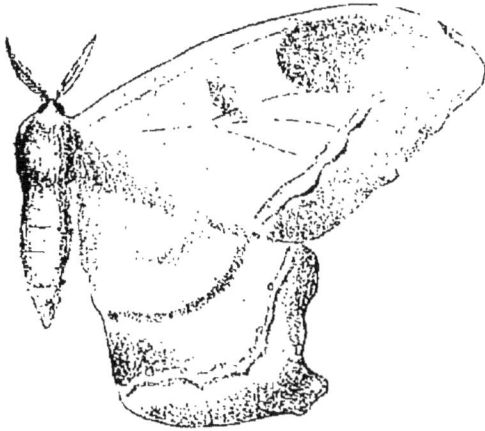

Fig. 1.

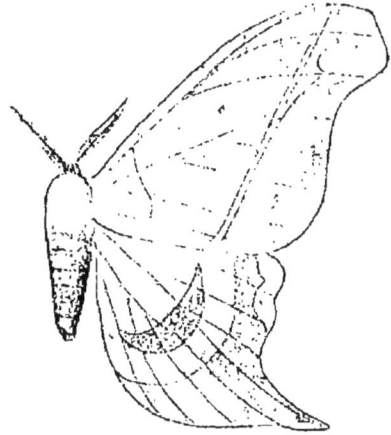

Fig. 2.

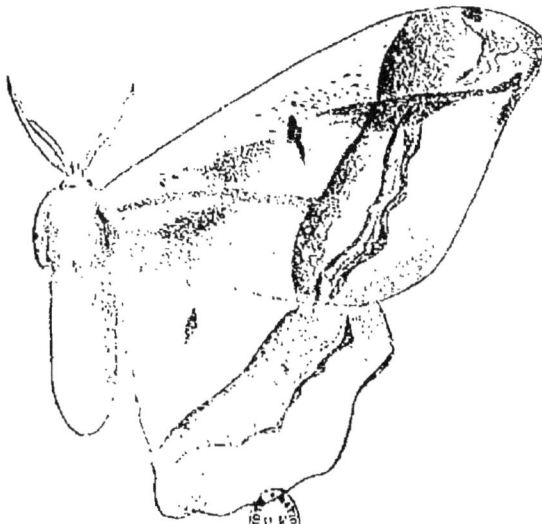

Fig. 3.

Fig. 1.   *Arsenura Arcei*, Druce, mâle.
 — 2.   —   —   — femelle.
 — 3.   ·   *Catigula*, Lucas.

pagnée d'une fascie de couleur gris ardoisé extérieurement.

La zone externe est d'un brun plus éclatant, plus vif et plus clair que sur les ailes supérieures, avec les intervalles des nervures saupoudrés de gris ardoisé.

Le dessous est d'un brun plus jaunâtre, surtout près de la base des ailes ; en se rapprochant des marges, le brun devient plus sombre, les marges sont lisérées par une ligne brune très foncée ; les taches des ailes sont indiquées par quatre points d'un brun rougeâtre, ceux des ailes supérieures sont les plus grands.

3. **Arsenura Xanthopus**, WALKER. *(Rhescyntis X.) Cat. Lep. Het. B. M.*, VI, p. 1327, n° 7. 1855.

Patrie : Brésil.

Envergure : 9 à 12 centimètres. (Pl. XVIII, fig. 2.)

Femelle. Coloration générale brunâtre, variant du clair au sombre. Ailes antérieures : rayure interne épaisse, noire, brisée, faisant un angle aigu à sommet tourné vers l'extérieur ; zone interne de teinte plus claire que la teinte foncière ; rayure externe sinueuse, noire, pouvant se subdiviser en trois portions: une portion antérieure courte, formant un angle très aigu, une portion moyenne très longue, décrivant à peu près un demi-cercle, bordée de blanc ; une portion postérieure courte, formant un angle obtus, bordée également de blanc ; zone médiane se fonçant graduellement depuis la nervure interne jusqu'à la nervure externe ; tache hyaline présentant au centre un court trait blanchâtre bordé de brun fauve, passant graduellement au brun noir; zone externe avec une tache noire tangente au bord costal, entourée d'une ligne blanche très diffuse qui se continue par une ligne fulgurante de même couleur, mais plus nette et bordée de roux ; deux lignes sinueuses brunâtres courent dans cette zone parallèlement aux deux portions postérieures de la rayure externe.

Ailes postérieures : zones internes et médianes presque confondues ; taches hyalines estompées ; rayure externe sinueuse, bordée de blanc ; dans la zone externe, deux rangées de macules sont parallèles à la rayure externe : 1° des macules brun noir bordés de blanc ; 2" des macules brun roux.

Collection du Laboratoire.

4. **Arsenura Orsilochus**, HUBN.

Patrie : Venezuela.

Envergure : mâle, 12 centimètres. (Pl. XVIII, fig. 3.)

Palpes et front d'un brun foncé ; couleur générale gris brun rosé.

Ailes supérieures : rayure interne formée de deux lignes brunes un peu nébuleuses, brisées dans leur partie inférieure et sinueuses au-dessus où elles s'affaiblissent en même temps et deviennent nulles en se rapprochant de la côte ; ces deux lignes sont séparées vers leur base par des poils de couleur lilas clair.

La rayure externe est composée dans sa partie inférieure de deux lignes étroites, brunes, parallèles jusqu'à la nervure 3, séparées jusque là par des poils lilas ; au-dessus, elles s'écartent l'une de l'autre et deviennent nébuleuses, puis disparaissent aux approches de la côte ; intérieurement à ces deux lignes, on remarque deux lignes brunes nébuleuses qui se réunissent vers le bord intérieur ; vers la côte et sur le dernier tiers se remarque une portion plus claire, de couleur fauve blanchâtre. Les ailes sont tronquées et leurs extrémités dentelées en dessous.

Ailes inférieures avec un prolongement latéral un peu pointu. Zone externe de couleur gris brun uniforme ; zones médiane et interne gris brun uniforme plus foncé ; vers le bord anal et au point de limite de la zone médiane avec la zone interne se remarquent des squamules d'un blanc lilas.

Muséum de Paris.

5. **Arsenura Arcæi**, Druce, *Biol. Centr. Amer. Lep. Het.* p. 185, pl. 19, fig. 2, 3, 1886.

Patrie : Panama, volcan de Chiriqui.

Envergure : mâle, 15 cm. 1/2 à 17 cm. 1/2 ; femelle, 17 cm. 1/2 à 18 centimètres. (Pl. XIX, fig. 1 et 2.)

Antennes fauve jaunâtre à articles ciliés, palpes allongées dépassant la tête à dernier article long et redressé en haut, plus de quarante articles.

Mâle. Ailes antérieures d'un brun rougeâtre dans leur moitié externe et d'un brun pâle recouvrant des squamules grises dans leur moitié interne ; rayure interne brune, brisée, nébuleuse ; tache de l'aile ayant la forme d'un losange, dont la moitié externe est plus brune, les deux moitiés sont séparées par un trait brun foncé ; au delà de la tache, les deux couleurs de l'aile sont séparées selon une ligne ondulée.

Rayure externe formée de deux lignes festonnées parallèles : l'interne brune plus clair que le fond, étroite, ornée de taches blanches triangulaires à toutes ses intersections avec les nervures ; à partir de la nervure 6, elle ne forme plus qu'un seul grand feston avant d'atteindre la côte ; la ligne externe est formée de festons de couleur sombre, élargis dans leur milieu et parsemés de poils bleuâtres ; entre les nervures 6 et 8, cette ligne s'éloigne de l'autre et forme deux festons étroits blanc grisâtre ; sur la côte, entre ces deux lignes de la rayure externe, se remarque une tache noire ; extérieurement à ces deux lignes, entre les nervures 6 et 8, existent deux taches linéaires rougeâtres.

Ailes inférieures de même couleur, mais la moitié externe un peu moins vive que sur les supérieures ; la rayure interne manque ; la tache indistincte plus sombre et la rayure externe comme sur les supérieures, mais coudée à angle presque droit dans son milieu.

Le dessous est d'un gris brun très pâle dans la première moitié des ailes, plus brun dans l'autre ; cette couleur est parsemée de petites taches brunes ; ces taches sont petites et toutes les quatre égales ; au delà de ces taches se trouve une ligne transversale un peu festonnée, large, d'un brun rougeâtre clair, croisant toutes les ailes dans leur moitié. La rayure externe est indiquée, mais très affaiblie.

La femelle est de couleur plus sombre, avec toutes les rayures et taches plus vives en couleur et les antennes ne sont pas aussi largement pectinées.

Collection Druce et G. Cote.

D'après M. Druce, une femelle de cette espèce aurait été trouvée sur le tronc d'un *Persea,* dans la forêt humide à l'ouest du volcan de Chiriqui, à environ 4.000 pieds d'élévation.

6. **Arsenura Caligula**, LUCAS *(Aricia C.).*

Patrie : Brésil intérieur.

Envergure : 17 centimètres. (Pl. XIX, fig. 3.)

Antennes de couleur fauve jaunâtre, à articles ciliés.

Ailes antérieures d'un brun de loutre foncé, avec des parties d'un brun gris bleuâtre ; rayure interne brisée dans le bas, d'un brun foncé, une tache réduite à un petit point noirâtre. Rayure externe brune, avec une fine ligne de squamules bleuâtres et vers l'apex un espace bidenté de squamules de cette dernière couleur.

La zone externe est ornée de quelques taches d'un brun noir velouté avec leurs bords externes lisérés de bleuâtre, et sur le milieu de cette zone existe un espace d'un brun rougeâtre clair.

Ailes inférieures d'un gris brun avec base brune.

Muséum de Paris.

Le type du genre est *Erythrina*.

7. **Arsenura Championi**, Druce, *Biol. Centr. Amer. Lep. Het.* p. 186, pl. 18, fig. 4, 1886.

Patrie : Costa-Rica, Panama (forêts occidentales du volcan de Chiriqui).

Envergure : mâle, 17 cm. 1/2. (Pl. XX, fig. 1.)

Toutes les ailes d'un gris brun, un peu violacé, avec des ombres et des rayures d'un brun plus sombre ; les ailes antérieures fortement parsemées de petits macules brun foncé ; rayure interne un peu sinueuse, externe formée d'une bande brun foncé, un peu ondulée et festonnée, lisérée extérieurement de blanc ; cette lisière blanche est accompagnée d'une deuxième ligne plus large, parallèle, de couleur brun pourpre clair, à reflets lilas ; sur la côte, vers l'apex, une tache allongée noire, auréolée extérieurement d'écailles blanches ; la zone externe est d'un brun doré vers l'apex, plus pâle au-dessous. La tache est indiquée par une petite surface étroite, allongée, de couleur brun jaunâtre, lisérée de brun foncé.

Les ailes inférieures sont traversées par des lignes correspondant aux lisières des ailes supérieures, mais d'un brun plus sombre.

Le dessous est de coloration plus pâle, criblé de petits points bruns, toutes les ailes sont croisées par trois ou quatre lignes très indistinctes, étroites.

Tête, thorax, abdomen de la couleur des ailes, pattes d'un brun plus sombre, antennes d'un brun jaunâtre.

Collection Staudinger.

8. **Arsenura Aspasia**, Herr Schaff *(Aricia A.) Ausser Europ. Schmett.*, 1, fig. 51, 1854.

Rhescynthis, A., Walk, *Cat. Lep. Het. B. M.*, p. 1326, n° 5, 1855.
—   **Meandër**, Walk, *Loc. cit.*, p. 1326, n° 6, 1855.

Envergure : mâle, 19 centimètres. (Pl. XX, fig. 2.)

SATURNIENS

FIG. 1.

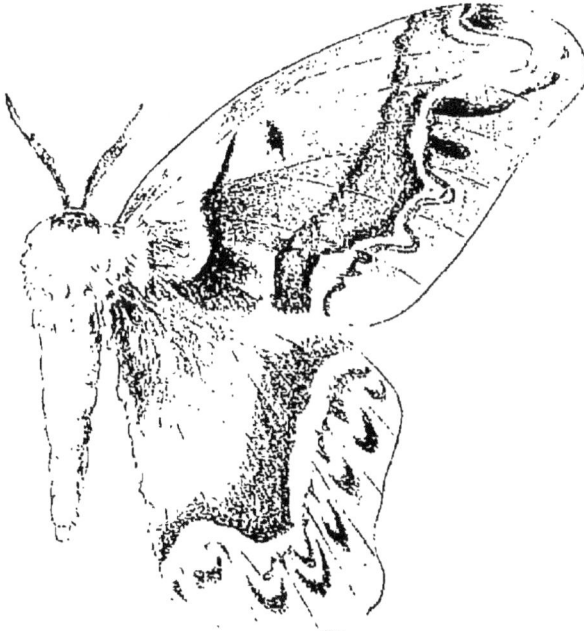

FIG. 2.

Fig. 1. Arsenura Championi, Druce.
— 2.   —   Aspasia, Herr-Schäff.

Mâle. D'un brun sépia parsemé de squamules d'un fauve jaunâtre, sur la zone interne et sur la zone médiane des ailes antérieures de poils longs de la même couleur sur les zones correspondantes des ailes inférieures.

Antennes d'un fauve pâle, à articles bipectinés, la seconde dent plus courte, toutes deux fortement ciliées ; thorax et abdomen d'un brun un peu plus jaunâtre que celui du fond ; tarses jaunes.

Ailes antérieures : rayure interne d'un brun noir, velouté, sinueuse; tache de l'aile allongée, formée d'une fine ligne brune, lisérée de brun noir ; au delà de la tache une ligne ondulée brune, transverse, accompagnée de semblable couleur jusqu'à la rayure externe ; cette dernière très sinueuse, brun noir, lisérée extérieurement de blanc jaunâtre vif, puis d'une ligne festonnée irrégulièrement brune, parsemée de squamules bleues, cette ligne finement lisérée de blanc jaunâtre ; vers l'apex, une tache d'un noir profond enveloppé d'une fine ligne de squamules bleues ; entre cette tache et l'apex, une portion d'un rouge pourpré ; zone externe d'un brun uniforme.

Ailes inférieures recouvertes de poils très longs et très épais dans sa moitié interne ; au delà, l'ornementation de l'aile rappelle celle des ailes supérieures ; pas de tache visible. Dessous d'un gris brun, assez uniforme jusqu'aux rayures externes ; les taches des ailes sont indiquées par des lignes un peu nébuleuses, brunes ; rayure externe marquée en gris jaunâtre, accompagnée extérieurement de quelques festons bruns saupoudrés d'écailles bleues.

Cette belle espèce n'est pas rare dans les collections.

Collection du Laboratoire, Muséum, C. Cote.

9. **Arsenura Pandora**, KLUG. *(Saturnia P.), Neue Schmett.*, I, p. 6, t. 5, f. 2, 1836.

Rescynthis Pandora, Maas. *Beitr. Schmett.*, I, fig. 3, 1860.
Rescynthis Xanthopus, Walk, *Cat. Lep. H. B. M.*, VI, p. 1327, n° 7, 1855

Patrie : Brésil.

Envergure : mâle, 10 à 13 cm.; femelle, 18 cm. (Pl. XXI, fig. 1.)

Antennes à articles inégaux chez le mâle, le basilaire long, très cilié, le dernier court et pointu ; chez la femelle, le dernier denticule est encore plus court et les denticules sont à peine ciliés.

Mâle. Ailes antérieures: zone interne d'un gris jaunâtre, rayure interne brun foncé, brisée à angle droit; zone médiane brun foncé, gris jaune,

s

maculée de poils blancs autour de la tache. Au delà de la tache une
ligne brune transverse qui part de la côte et qui vient se confondre dans
la moitié inférieure de cette zone qui est complètement d'un gris foncé
uniforme ; rayure externe très sinueuse, irrégulièrement festonnée,
brun noir, lisérée extérieurement de blanc jaunâtre, puis d'une fascie
d'un gris lilas parallèle, mais dentelée du côté de la marge ; sur cette
fascie lilas se remarque une trainée de squamules d'un blanc bleuâtre ;
vers l'apex, une tache d'un noir profond arquée de poils bleuâtres
sur son côté interne et accompagnée de deux lignes fines blanches,
l'une parallèle à la côte et l'autre qui descend en limitant un espace
gris lilas appartenant à la fascie dilatée de cette couleur ; entre cette
ligne et la marge, quelques taches d'un rouge brun et au-dessous quelques autres taches brun noir irrégulier ; zone interne d'un brun uniforme jaunâtre. Tache formée par un arc central hyalin entouré d'un
ovale brun et auréolé de noir brun.

Ailes inférieures à contour un peu anguleux, mais sans saillie, moitié
basale gris brun contenant la tache brune peu visible, nébuleuse.
Au delà de la tache, l'aile est brun foncé jusqu'à la rayure externe ;
cette dernière rappelle par ses couleurs celle de la rayure du même
nom des ailes supérieures.

Femelle. Plus grande, de coloration plus claire.

Les ailes antérieures sont légèrement falquées, tandis que celles du
mâle ne le sont pas.

Thorax de la couleur de la zone interne des ailes supérieures.

Abdomen de la couleur de la zone interne des ailes inférieures.

Collection du Laboratoire.

10. **Arsenura Romulus**, MAASS ET WEYM (*Rhescynthis R.*),
Beitr. Schmett., fig. 2, 1869.

Patrie : Brésil.

Envergure : mâle, 16 cm. 1/2 ; femelle, 18 cm. (Pl. XXI, fig. 2).

Mâle. Ailes antérieures très falquées, inférieures à pourtour très
arrondi, sans saillie latérale. Antennes longues à denticules courts
et très ciliés. La couleur générale est le brun jaunâtre, plus ou moins
parsemé de squamules grises ou brun foncé.

Ailes antérieures : zone interne également mélangée de poils gris et
bruns ; rayure interne arquée, concave, brune ; zone médiane entièrement recouverte de squamules brunes mélangées de squamules gris

clair du côté de la côte, jaune brun du côté du bord inférieur. Tache
de l'aile brun jaune clair formée d'une ligne brisée, lisérée de brun
noir ; au delà de la tache une rayure brune un peu nébuleuse droite
descend de la côte sur le bord inférieur ; rayure externe sinueuse,
brun noir, lisérée finement de blanc jaunâtre extérieurement ; cette
dernière couleur accompagnée d'une bande dentelée du côté de la
marge de couleur gris lilas ; zone externe brun jaune clair, d'un brun
foncé vif et velouté au-dessous de l'apex ; vers la côte, une tache noire
entourée d'une ligne étroite de squamules lilas.

Ailes inférieures d'un brun uniforme sur les zones interne et médiane, rayure interne indiquée par une fascie brune foncée large ; la
tache par une couleur brune semblable ; la ligne transverse qui existe
sur les ailes supérieures est représentée par une ligne brune très large
et noire.

La bande d'un gris lilas des ailes antérieures est indiquée plus largement sur ces ailes et dentelée d'une façon plus grande et plus régulière.

La zone externe devient d'un brun olivâtre. Le dessous est d'un
brun foncé à peu près uniforme, la bande transverse et la rayure
externe sont seules indiquées par une ombre plus foncée.

La femelle a les ailes antérieures moins falquées.

Collection du Laboratoire. C. Oberthur.

11. **Arsenura Armida**, Cramer *(Attacus A.), Pap. Exot.*,
III. pl. 197, A, 1780.

Attacus Cassandra, Cram. *Loc. cit.* pl. 107, B, 1780.
Bombyx Erythrina, Fab *Spec. Ins.* II. p. 169, n° 9, 1781.
Rescynthis Erythrina, Walk, *Cat. Lep. H. B. M.* p 1324, n° 1, 1855

Patrie : Guatemala, Mexique, Brésil.

Envergure : mâle, 12 cm. 1/2 à 13 cm. 1/2 ; femelle, 16 centimètres.
(Pl. XXII, fig. 1.)

Ce papillon varie beaucoup de coloration et de taille, les spécimens
du Mexique sont beaucoup plus petits et plus sombres que ceux de la
Colombie.

Mâle. D'un gris brun jaunâtre, parsemé de squamules brun foncé ;
rayure interne éloignée de la base, nébuleuse, un peu arquée, d'un
brun rouge, tache indiquée par un trait nébuleux rougeâtre, la moitié
interne de la zone médiane est de couleur brune plus foncée ; rayure

externe sinueuse brun noir, étroite, brusquement coudée en dedans près de la côte ; cette ligne accompagnée extérieurement par deux festons brun foncé entre les nervures 2 et 3 et 3 et 4 ; au-dessous par une ligne de cette même couleur, mais séparée par une bande blanche; près de l'apex se remarque un espace bilunaire d'un gris un peu lilas, surmonté d'une tache veloutée noire ; enfin, entre cet espace et l'apex, une traînée de squamules brun pourpré ou orangé.

Ailes inférieures : la moitié externe de la zone médiane est de couleur brun foncé, la tache indiquée par une traînée très nébuleuse brunâtre, rayure externe blanche lisérée d'une ligne brun noirâtre, un peu dentelée extérieurement et recouverte de quelques squamules bleues.

La femelle est de coloration plus claire, de taille plus grande, avec les ailes inférieures sans saillie apparente.

Les antennes sont aussi longues que chez le mâle, mais la pectination plus courte et les articles aussi ciliés.

Le cocon très remarquable a la forme d'une figue allongée, immédiatement terminée par un anneau soyeux sans pédoncule ; il présente une ouverture circulaire et verticale au-dessous de cet anneau, laissant apercevoir dans l'intérieur un deuxième cocon,soyeux, mais de texture lâche et d'un gris blond.

L'enveloppe externe est d'un gris blanchâtre, d'un tissu très serré, à grain très fin.

12. **Arsenura Sylla**, Cramer *(Attacus S.)*, *Pap. exot.* pl. 20, fig. A, 1779.

> Rhescynthis Sylla, Walk, *Cat. Lep. H. B. M.* p. 1355, n° 4, 1855.
> — Hercules, Walk, *Loc. cit.*, p. 1324, n° 3, 1855.
> — — Maass et Weym, *Beitr. Schmett*, fig. 1, 1869.

Patrie : Surinam, Para, Brésil.

Envergure : mâle et femelle, 19 cm. à 20 cm. 1/2. (Pl. XXII, fig. 2.)

Mâle. Ailes antérieures d'un brun grisâtre sur la portion antérieure d'une couleur brun rougeâtre foncé sur la portion inférieure ; rayure interne absente, externe très sinueuse, brun noir, lisérée extérieurement de blanc, puis d'une ligne festonnée large brune, saupoudrée de squamules bleues ; vers l'apex, une tache noire veloutée, suivie de deux grands festons blancs, limités du côté de l'apex par une surface de couleur rouge brun pourpré ; du sommet de la rayure externe

SATURNIENS

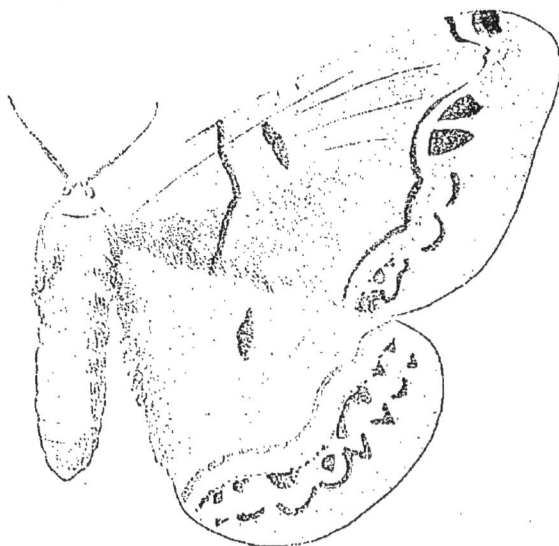

FIG. 1.

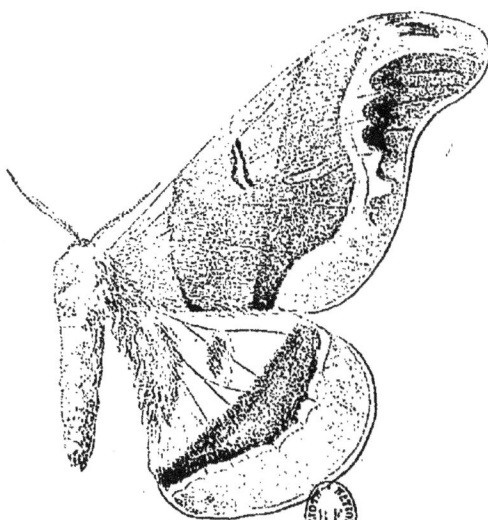

FIG. 2.

Fig. 1. *Arsenura Pandora*, Klug.
— 2. — *Romulus*, Maass et Wern.

SATURNIENS

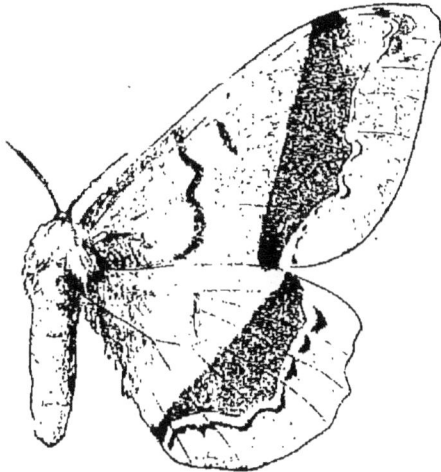

Fig. 1.

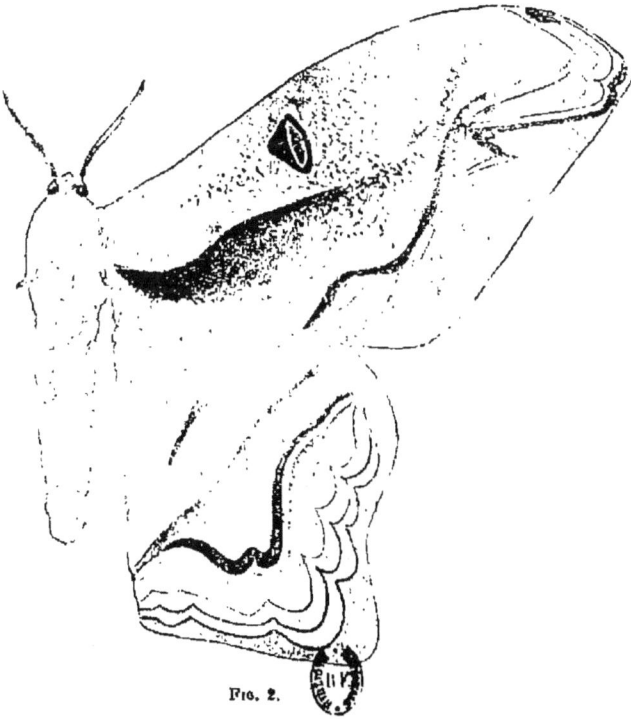

Fig. 2.

Fig. 1. *Arsenura Armida*, Cramer.
— 2.   —   *Sylla*, Cramer.

commence une surface brun rougeâtre foncé limitée par la rayure externe, le bord anal, jusqu'à la base, et par une ligne oblique sinueuse qui part de la base jusqu'au sommet de la rayure externe ; la tache est de forme ovale allongée avec une ligne médiane à peine vitrée, un peu brisée, cerclée de brun noir. Les ailes inférieures ont leur base brune très foncée, chargée de poils plus clairs jusqu'à la moitié de la zone médiane ; au delà, la couleur de cette zone est d'un brun riche, devenant noir contre la rayure ; zone externe d'un brun plus clair vers la rayure. La rayure externe présente extérieurement de larges taches brunes saupoudrées de squamules bleues, beaucoup plus larges que dans *Aspasia.* La tache est indiquée par une traînée de poils bruns.

Femelle. Se distingue du mâle par les ailes inférieures non prolongées en saillie sur leur marge ; elle est bien plus rare que le mâle.

Collection Oberthur. B. Muséum.

13. **Arsenura Batesii**, Feld *(Aricia B.)*, *Reise de Novara Lep.*, IV, 91, fig. 2, 1874.

Rhescynthis B., *Preiss. Abbild. Machtschmetterl*, p. 7, t. XII., fig. 3, 1888.

Patrie : Brésil, Amazone. (Pl. XXIII, fig. 1.)

Thorax à poils très longs. Ailes antérieures très légèrement dentelées sur leur bord externe. Ailes postérieures à fortes dentelures sur ce bord externe, un court prolongement latéro-postérieur.

Zones internes peu marquées. Rayures externes bordées d'un feston blanc avec çà et là entre les nervures des macules brisées ; ces macules sont réunies sur les ailes inférieures pour former un feston continu. Pas de tache hyaline apparente sur l'aile antérieure.

Genre. — **Rhescynthis**.

Hübn., *Verz. beh. Schmett.*, p. 156, 1822.

Palpes très développés, plus de quarante articles géminés et recourbés.

La nervure intercostale est très rapprochée de la base, l'angle formé est obtus.

1. Rhescynthis Hippodamia, Cramer *(Attacus H.)*, *Pap. exot.*, II, pl. 126, B. 1779.

Patrie : Panama à Brésil.

Envergure : 20 centimètres. (Pl. XVI, fig. 1.)

Ailes antérieures longues et très falquées, inférieures longues, presque rectangulaires. Thorax brun jaune, abdomen plus foncé sur sa portion dorsale, jaunâtre sur ses côtés et en dessous; le long des flancs se remarque une ligne de petits anneaux noirs contigus ; article basilaire des antennes presque blanc, ces derniers à articles doublement denticulés, courts et fortement ciliés.

Ailes antérieures : zone interne gris brun jaunâtre ; rayure interne formée de deux lignes brunes parallèles, la plus interne va du bord antérieur de la côte jusqu'à la nervure 2, l'autre prend naissance au même point, mais ne se sépare de cette ligne qu'après le bord postérieur de la côte ; cette ligne se continue jusqu'à la nervure 1.

La tache est à sa place habituelle ; elle n'est indiquée que par une ombre brunâtre de la longueur de la nervure intercostale.

. Au delà de cette tache se remarque une grande ligne brune fortement arquée, partant de la côte et croisant l'aile en passant très près de la tache et en allant rejoindre le bord anal presque à la base de la rayure externe ; cette ligne est accompagnée de trois autres lignes de même couleur, mais décroissant d'intensité et concentriques. Cette ligne divise la zone médiane en deux parties, l'interne qui est d'un gris jaunâtre clair et l'externe qui est d'un riche brun doré ; rayure externe brun noir très profond, droite de la base à la nervure 5, lisérée de blanc fauve ; au-dessus de la nervure 5, elle forme trois festons avant de rejoindre la côte et elle perd de son intensité; l'intérieur de ces trois festons est chargé de squamules violacées. Zone externe brun clair avec deux taches noires, l'une sur la côte, l'autre en regard du plus petit feston ; entre ces deux taches, deux petits arcs lilas ; en dessous, se remarque, en regard des ramifications de la nervure médiane, deux taches nébuleuses violacées.

Ailes inférieures : rayure interne nulle, tache indiquée par une ombre brune ; deux fascies transverses, la plus interne brune foncée, l'autre moins vive, réunies vers le bord antérieur, mais s'écartant vers ce point et se réunissant vers le bord anal. Le bord anal de ces ailes est de coloration jaune, le restant de l'aile est d'un gris clair, un peu violacé sur les limites de la rayure externe. Cette dernière rayure brune, très mince, bordée extérieurement de blanc ; au delà une suite de taches contiguës d'un jaune olivâtre, lisérées de brun noir.

Le dessous ne montre que les rayures externes et les deux taches noires apicales des ailes antérieures, la couleur est le gris brun clair sur les inférieures, plus foncé sur les supérieures.

L'insertion des deux antennes contiguë et les palpes longs très apparents.

2. **Rhescynthis Norax**, Druce, *Biol. Centr. Amer.*, p. 424, pl. 84, fig. 2.

Patrie : Panama (Chiriqui).

Envergure : mâle, 17 cm. 1/2. (Pl. XVI, fig. 2.)

Mâle. Semblable à *Hippodamia* Cramer, mais la bande croisant les ailes a une position différente, la marge des ailes est beaucoup plus rectiligne ; sur les ailes inférieures, la rayure externe est anguleuse (non arrondie comme dans *Hippodamia*); enfin les taches d'une couleur lilas qui existent sur la zone externe sont beaucoup plus larges. Le dessous des premières ailes avec une ligne brune seulement (au lieu de deux) traversant l'aile.

Collection Staudinger.

GENRE. — **Gynanisa**.

Walk. *Cat. Lep. Brit. Mus.*, VI, p. 1267, 1855.

Ancalaspina, *Walleng. Æfr. Vet. Akad. Forh.*, XV, p. 140, 1858.

Ailes antérieures bien falquées, avec un petit ocelle et une rayure externe composée de plusieurs bandes ; ailes postérieures avec un ocelle énorme, entouré d'une série d'anneaux de teinte variée.

1. **Gynanisa Ethra**, *(S. Ethra)* Westw. *Proc. Zool. Soc. London*, 1849, p. 56, pl. 10, fig. 1.

Patrie : Afrique.

Envergure : 14 à 15 centimètres. (Pl. XXVII, fig. 1.)

Les ailes antérieures de cette belle espèce sont plutôt étroites et subfalquées avec la marge apicale un peu ondulée ; elles sont de couleur cuir brun, fortement saupoudrées d'écailles sombres, la moitié basale de l'aile et de la côte étant beaucoup plus pâle ; elles sont traversées par trois rayures très obliques, dont la plus épaisse est celle du milieu ; l'antérieure est très ondulée et dentée, la seconde très ondulée, ayant un petit ocelle contigu à elle ; cet ocelle est ovale, sa moitié antérieure est brune, l'autre vitrée ; la troisième fascie débute sur la côte par un petit point brun, large.

Les ailes inférieures sont colorées comme la portion apicale des ailes supérieures, sauf que leur portion antérieure est d'un riche rouge rosâtre, étendu sur un demi-cercle autour de l'ocelle ; celui-ci est large et central, ayant une pupille vitrée demi-circulaire, entourée d'un iris noir, d'un très léger anneau jaune et d'un autre noir, suivi d'un anneau plus large cuir rosâtre, lequel est bordé de blanc; de la base des ailes part une rayure ondulée aboutissant à la marge anale; puis une autre rayure traversant l'aile parallèlement à la marge apicale. La partie apicale des ailes est très mouchetée de brun et une ligne brune mince court juste dans la marge.

Thorax d'un brun sombre avec un pâle collier cuir, la partie inférieure avec une courte barre noire.

La face inférieure des ailes est teintée comme la supérieure, sauf que les ailes antérieures ont du rose sur la marge interne ; cette couleur manque sur les ailes inférieures, qui sont plus mouchetées de brun que dessus, l'ocelle y est remplacé par un petit point brun.

Pectination courte. Palpes très petits.

Cette espèce a été décrite par Westwood, d'après un exemplaire de la collection de M. Loddiges, de Hackney.

2. **Gynanisa Isis**, WESTW., *Nat. Lib. Exot. Moths*, p. 138, t. XIII, 1841.

Patrie : Afrique.

Envergure : mâle, 12 centimètres. (Pl. XXVII, fig. 2.)

Ailes d'un gris très pâle, surtout les antérieures qui sont presque entièrement couvertes de jolies écailles noires et brunes ; le centre de ces ailes antérieures est orné d'un petit ocelle triangulaire, tangent extérieurement à la nervure intercostale ; cette tache est entourée d'un cercle noir, puis d'un anneau brun rouge fondu ; rayure interne sombre, dentelée ; rayure externe composée de trois lignes parallèles, une interne proche de la tache vitrée, noire, sinueuse, très isolée des

SATURNIENS

Fig. 1.

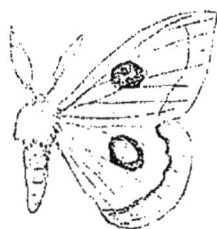

Fig. 2.

Fig. 3.

Fig. 1.   *Arsenura Batesii*, Feld.
— 2.   *Aglia Tau*, Linné, mâle.
— 3.   —   —   —   femelle.

SATURNIENS

Fig. 1.

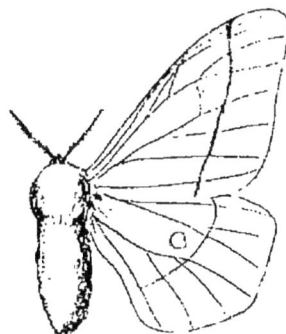

Fig. 2.

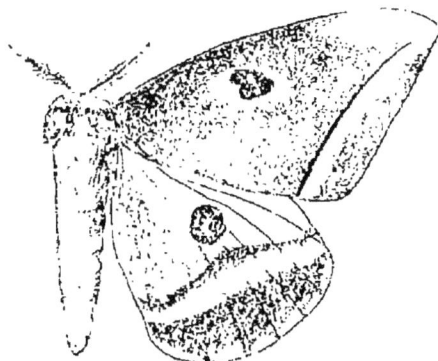

Fig. 3.

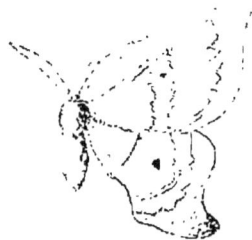

Fig. 4.

Fig. 5.

Fig. 1. *Cirina forda*, Westwood, mâle.
— 2.   —   —   femelle.
— 3. *Bathyphlebia Aglia*, Feld.

Fig. 4. *Eudelia Frauenfeldi*, Feld., mâle.
— 5.   —   —   — femelle.

deux autres, qui sont contiguës à l'interne blanche ; l'externe noire. Marges gris jaunâtres chargées de poils noirs plus denses du côté externe ; les franges de ces ailes sont brun foncé, en regard des nervures et grises entre celles-ci.

Ailes inférieures comme les supérieures ; gros ocelle noir, vitré du côté externe, entouré d'un cercle étroit brun jaune, d'un autre cercle étroit noir, d'un cercle plus large fauve, d'un cercle blanc, puis d'un cercle brun vineux étalé. Zone externe formée de deux bandes, l'une gris terne jaunâtre, l'autre brune foncée, mélangée de brun rougeâtre, de gris et de noir. Marge de l'aile échancrée entre chaque nervure.

La face inférieure des ailes antérieures a toute la base d'un brun vineux clair, sauf la côte antérieure qui est très apparente, d'un blanc jaunâtre tigré de lignes et de taches brunes foncées.

3. **Gynanisa maia,** Klug *(Sat. Moüa) Neue Schmett.*, t. V, 1836.

Saturnia Campionea, Sign., *Bull. Soc. Ent. France* (2), III, p. XCVII, 1845.
Ancalospina Tata, Walleng, *Wien. Ent. Monat.*, IV, p. 168, n° 38, 1860.

Patrie : Afrique Australe.
Envergure : 12 centimètres. (Pl. XXVII, fig. 3 et 4.)

Ailes antérieures d'une teinte foncière gris noir ; rayure interne noire dentée, bordée extérieurement de blanc ; rayure externe noire dentée, bordée de blanc intérieurement ; la zone médiane est parcourue transversalement par une raie noire ; ocelle petit, bordé de noir avec la moitié antérieure noire et la moitié extérieure vitrée ; cet ocelle est tangent à la raie noire chez les femelles ; zone externe formée de trois bandes, dont la plus externe est la plus sombre ; marge avec une ligne noire dentée.

Ailes postérieures ont même disposition et coloration que les supérieures, sauf que la rayure interne est rougeâtre, peu saillante ; l'ocelle est énorme, il a une pupille dont une portion externe très réduite est vitrée, tout le reste étant noir ; cette pupille est entourée d'un anneau jaunâtre, puis d'un cercle noir, puis d'anneaux successivement ocracés, blanc, blanc rougeâtre; l'anneau rougeâtre s'étale en haut et en bas jusque contre les bords de l'aile ; la rayure externe est noire, bordée des deux côtés de rougeâtre ; la zone externe comprend deux parties, une interne blanchâtre parsemée d'écailles noires, une externe gris foncé ; la marge présente une ligne noire dentelée. Le thorax est noir brun, bordé en avant et en arrière de blanc.

4. Gynanisa albescens, *nov. sp.*

Patrie : M'Pala.
Envergure : mâle et femelle, 16 centimètres. (Pl. XXVIII, fig. 3.)
Voisine de *G. Maia*.

Mâle. Antennes fauves, peu longues, tandis que *G. Maia* mâle a des antennes relativement énormes et très largement plumacées. Couleur foncière des ailes d'un fauve clair.

Ailes supérieures. Base des ailes de couleur blanche, maculée de quelques poils bruns, rayure interne brun noir, bordée de blanc extérieurement, cette couleur s'étendant sur la côte jusqu'à l'apex. La zone médiane est de couleur fauve, plus rosée dans sa portion inférieure externe, maculée sur toute sa surface de poils bruns. une ligne sombre transverse, presque droite, traverse l'aile de la côte au bord inférieur, interrompue par la tache vitrée qui est large et presque rectangulaire ; rayure externe étroite, sinueuse, brune ; zone externe large, de couleur fauve, offrant une rayure nébuleuse rougeâtre, parallèle à la rayure externe et une rayure brune, parallèle à la marge, cette dernière un peu festonnée, frangée alternativement de brun et de fauve, le fauve occupant la partie creuse des festons.

Ailes inférieures : rayure interne terminée supérieurement par un espace rosé vineux, la tache de l'aile a le centre hyalin dans un cercle noir, annelé de jaune, puis successivement de noir, de jaune cuir, puis de rose et le tout auréolé de rouge vineux très vif, surtout autour de la tache et s'affaiblissant en s'en éloignant.

Femelle. De forme tout à fait semblable, la coloration varie du fauve clair au fauve brun ; les antennes sont courtes, courtement dentelées, brunes.

5. Gynanisa semialba, *nov. sp.*

Patrie : M'Pala.
Envergure : 18 centimètres. (Pl. XXVIII, fig. 2.)
Femelle. Couleur foncière, fauve rouge vif. Zone interne et moitié interne de la zone médiane blanc vif, maculé de quelques gros poils bruns ; tache vitrée, large, triangulaire, lisérée à son côté interne de noir et de rouge vif ; une raie étroite festonnée traverse l'aile de la

côte de l'aile au bord inférieur en étant tangente extérieurement à la tache et divise la zone en deux parties distinctes, l'interne claire, l'externe fauve vif ; rayure externe presque rectiligne, festonnée seulement dans sa partie inférieure, zone externe rayée longitudinalement de deux bandes nébuleuses : l'une large, près de la rayure externe, l'autre plus étroite, festonnée près de la marge. Toute la côte de l'aile est blanche, cette couleur s'étendant un peu sur le fond de l'aile jusqu'à l'apex.

Ailes inférieures : tache vitrée en partie recouverte de squamules noires au centre d'un ovale noir cerclé tout d'abord de jaune, puis finement de noir, puis un large anneau rouge carmin vif et enfin un anneau étroit rose, la portion de la zone médiane enveloppant la tache est d'un fauve rougeâtre vineux.

Abdomen fauve vif.

Cette espèce est voisine de G. Maia.

Le mâle de cette espèce nous est inconnu. Plusieurs femelles de cette espèce sont représentées dans la collection de M. Oberthür.

6. Gynanisa gigas, *nov. sp.*

Intermédiaire entre *Ethra* et *Semi alba*. (Pl. XXVIII, fig. 1.)

Mâle. Antennes courtes, fauve brun, pectinées seulement dans leurs deux premiers tiers, le dernier tiers impectiné ; le thorax est brun foncé, orné antérieurement de deux colliers étroits, de couleur fauve ; postérieurement, on remarque aussi une double ligne de poils fauves, abdomen fauve ; les ailes antérieures ont leur marge échancrée et festonnée ; elles sont traversées dans leur milieu par une ligne festonnée d'un brun noir qui part de la côte et aboutit sur le bord inférieur de l'aile en étant tangente extérieurement à la tache vitrée ; toute la portion de l'aile comprise entre cette ligne et la base de l'aile est d'un blanc éclatant, parsemé irrégulièrement de poils bruns ou noirs ; la portion comprise entre cette ligne et la marge est de la couleur foncière, c'est-à-dire fauve ferrugineux, sauf vers la portion contiguë à la côte qui reste blanche.

Entre la rayure externe et la marge se remarquent deux fascies d'un brun sombre, un peu nébuleuses sur leurs bords, longitudinales.

Ailes inférieures : d'un fauve clair légèrement rosé, revenant rouge sombre en se rapprochant de la tache, cette dernière a un point cen-

tral hyalin petit, dans un cercle noir, ce dernier annelé de jaune et
de noir, le tout enveloppé d'un large anneau de couleur cuir et d'un
autre de couleur chair. Sur le contour de cette aile, une saillie
carrée.

Femelle. Un peu moins grande, les ailes antérieures sont un peu
moins falquées et les inférieures n'ont pas de saillie latérale ; l'ornementation est tout à fait semblable. En outre de la coloration qui est
différente, cette espèce s'éloigne de G. *Ethra* par la plus grande
importance de la zone externe qui est très large et par les deux
fascies brunes dont cette dernière est ornée sur les deux ailes.

Genre. — **Polythysana**.

Walk. *Cat. Lep. Het. B. M.*, VI. p. 1314. 1865.

1. **Polythysana rubrescens**, Blanchard *(Attacus R.)*, Gay, *Faune, Chil.*, VII, p. 60, n° 1, pl. 4, fig. 3, 1852.

P. Andromeda femelle, Maas et Weym, *Beitr. Schmett.*, III, f. 38, 1872
Saturnia Rhodocera, Prittw., *Stett. Ent. Zeit.*, p. 246, p. 3, f. I, 1868.

Patrie : Chili, Pérou.
Envergure : mâle, 10 cm.; femelle, 12 cm. (Pl. II, fig. 3 et 4.)
Mâle. Ailes supérieures: les squamules d'un brun olivâtre qui éclair-
cissent le voisinage de la zone externe sont très petites et très rap-
prochées ; elles sont au contraire plus larges et moins nombreuses
dans la variété *Edmondsi* ; dans P. *Andromeda*, ces squamules n'existent pas et la couleur brun clair du voisinage de la zone externe est
simplement le fait de la couleur foncière qui apparait du moins dans
la portion inférieure de l'aile.

Les ailes inférieures ont les zones interne et médiane couleur orangée, l'externe de couleur rose rouge.

Femelle. Fond des ailes d'un blanc jaunâtre, rayure interne anguleuse, noire, lisérée de jaune brun extérieurement; zone interne brune
chargée de poils jaune brun dans sa moitié inférieure, zone médiane
presque blanche dans sa moitié interne, devient jaune brun vif vers la
zone externe ; entre ces deux couleurs extrèmes, on remarque sur le
milieu de cette zone des poils aplatis d'un blanc bleuâtre ; cette couleur reparaît avec plus d'intensité vers la côte entre les nervures 7, 8

SATURNIENS

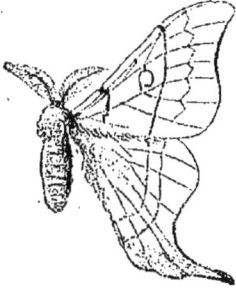

Fig. 1.

Fig. 2.

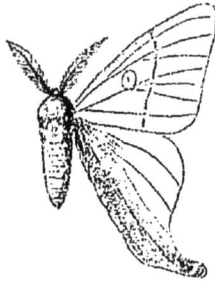

Fig. 3.

Fig. 4.

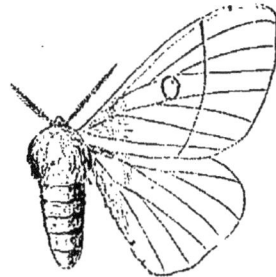

Fig. 5.

Fig. 1. *Eudelia rufescens*, Philippi, mâle.
— 2.   —   —   —   femelle.
— 3.   —   *Daphnea*, Maass et Wern.

Fig. 4. *Eudelia aristoteliæ*, Philippi, mâle.
— 5.   —   —   —   femelle.

SATURNIENS

Fig. 1.

Fig. 2.

Fig. 3.

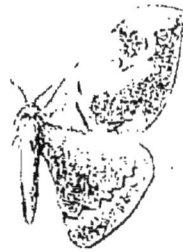

Fig. 4.

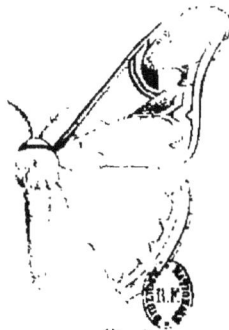

Fig. 5.

Fig. 1. *Guillemeia tristis*, Sonth.
- 2 — *incana*, Sonth.
- 3. *Goodia Hollandi*, Butl.

Fig. 4. *Goodia nubilata*, Holl.
— 5. — *fulcescens*, Sonth.

et 9. Rayure externe irrégulièrement et fortement ondulée, noire, très accentuée surtout à ses deux extrémités: zone externe blanche contre la rayure, dorée vers la marge sauf vers l'apex où la couleur devient rose orangé.

Ailes inférieures d'un gris rosé sur les zones interne et médiane ; la rayure interne est plus éloignée de la base que dans *P. Andromeda,* plus large et plus élargie vers le bord anal ; tache blanche arquée dans un cercle irrégulier, rosé, entouré d'un anneau noir. Zone externe presque blanche contre la rayure, devient brun doré vers la marge.

D'après M. Butler, ce papillon est commun dans les forêts de Valdivia, mais très difficile à prendre ; le mâle vole vers le sommet des arbres pendant les heures de soleil, entre midi et demi et 2 heures seulement, les femelles sont nocturnes ; le papillon se trouve en février et mars.

Cocon léger, d'un gris blanchâtre, légèrement ajouré, 5 centimètres environ de longueur sur 2, assez pointu à ses deux extrémités.

2. **Polythysana cinerascens**, Philippi *(Attacus C.), Linn. Ent.*, XIV, p. 278, 1860.

Polythysana Apollina, Feld. *Reise de Novara Lep.*, IV, pl. 87, fig. 2, 1874.

Patrie : Chili.

Envergure : mâle, 8 cm. 1/2; femelle, 10 à 11 cm. (Pl. III, fig. 2 et 3.)

Mâle. Fond des ailes d'un blanc de crème. Zone interne avec la moitié longitudinale inférieure d'un brun olivâtre, rayure interne peu sinueuse, oblique, plus large et plus nébuleuse dans sa portion supérieure contiguë à la tache. Cette dernière subovale formée d'un cercle brun central, orné d'un petit arc blanc sur son côté interne ; ce cercle est auréolé d'un anneau d'un brun doré clair et enfin d'un autre anneau noir.

Zone médiane blanche dans sa moitié interne et dans son autre moitié graduellement brun olivâtre foncé en se rapprochant de la rayure externe, cette dernière ondulée irrégulièrement comme dans *Andromeda ;* zone externe étroite avec sa moitié contiguë à la rayure blanche, l'autre moitié marginale brun clair.

Ailes inférieures sans rayure interne, externe ondulée, très faible et nébuleuse, brune ; la tache est contiguë à la rayure externe ; elle est formée d'une ligne blanche au milieu d'un cercle rose auréolé largement de noir.

Le dessous ne présente que la tache de l'aile supérieure formée d'un petit point blanc dans un ovale rose vineux auréolé largement de noir, et la rayure externe brune, large ; ailes inférieures complètement blanches.

Femelle. Le fond des ailes est d'un gris rosé et toutes les marques des ailes supérieures sont indiquées en couleur brun rouge ; la tache n'est pas contiguë à la rayure interne, elle est plus grande que chez le mâle, l'anneau jaune d'or plus large et l'anneau externe brun rouge foncé.

Sur les ailes inférieures, la rayure externe est brun noir, non rougeâtre, la tache est plus petite que sur l'autre aile, elle est semblable à celle du mâle. La marge de l'aile est d'un brun rose. Le thorax brun rougeâtre, l'abdomen gris rosé avec les segments annelés de noir à leur base. D'après M. Butler, ce papillon vole le jour entre 9 h. 1/2 et 11 heures du matin seulement, mais il est bien plus rare et plus difficile à capturer que *P. Rubrescens*. Il se trouve à Valparaiso fin mars et commencement d'avril. La larve vit sur *Cryptocaria peumus* ; elle a acquis son plein développement vers la fin d'octobre. Le cocon se trouve tissé dans les feuilles, il est ouvert à une de ses extrémités, en forme de poire, de couleur jaune chamois, soyeux.

La chenille est longue de 8 centimètres environ, la tête verdâtre avec des marques noires, corps d'un vert pâle en dessous, cendré avec une teinte rougeâtre en dessus ; en arrière des deuxième et troisième segments, une large tache d'un noir velouté visible seulement lorsque la larve marche. Le corps est couvert de poils courts, isolés ; sur les deuxième, troisième et quatrième segments se remarquent deux épines raides, pectinées, latérales et quatre semblables en arrière de chaque segment, toutes dirigées en avant. Les premières épines sont rougeâtres ou roses, les pectinations noires et jaunes sont généralement épaisses à la base et se terminent brusquement en un poil léger et blanchâtre ; les segments du sixième au onzième inclus sont ornés chacun de quatre épines étoilées, chacune de 10 à 14 piquants jaunes à la base, noires à l'extrémité, les épines centrales ayant plus de noir que celles de la périphérie, les douzième et treizième segments n'ont que trois épines.

Stigmates petits, jaune blanchâtre, lisérés de noir,

3. **Polythysana Andromeda**, Philippi *(Attacus A.)*, *Linn. Ent.* XIV, p. 280, 1860.

Polythysana Edmondsi, Butler. *Trans. Ent. Soc. London.* 1882, p. 19.
— Andromeda, Maass. et Weym. *Beitr. Sch.* fig. 37, 1872.
— cinerascens, — — — 39, 1872.

Patrie : Chili.

Envergure : mâle, 8 cm.; femelle, 11 cm. (Pl. III. fig. 1.)

Mâle. Le fond des ailes antérieures est d'un blanc jaunâtre, la rayure interne est brune, sinueuse et brisée ; zone médiane avec moitié inférieure brun noir parsemée de poils dorés ; cette zone blanc jaunâtre du côté de la rayure interne, devient graduellement brun noir contre la rayure externe ; entre ces deux couleurs extrêmes se remarquent de nombreux poils aplatis de couleur dorée. Rayure externe fortement ondulée et festonnée irrégulièrement ; zone externe blanche contre la rayure, rembrunie vers la marge ; vers l'apex, un petit espace de couleur rouge séparé du sommet de la rayure externe par une ligne de squamules blanches. Tache formée par un arc de squamules blanches dans un cercle jaune olivâtre devenant noir sur la circonférence auréolée d'un anneau de même couleur olivâtre et d'un autre externe n 4r. Ailes inférieures d'un rose jaunâtre dans leur moitié antérieure, l'autre moitié devient insensiblement jaune orangé et très chargée de poils, sauf la zone externe qui est uniformément orangée et frangée de jaune verdâtre ; rayure interne un peu nébuleuse, noire, élargie vers le bord anal ; externe brun noir, étroite, ondulée et un peu élargie aussi vers le bord anal, tache formée d'un petit arc blanc dans un cercle cramoisi auréolé de noir ; corps gris brun en dessus, jaunâtre en dessous ; antennes bipectinées gris brun.

Le dessous est sur les ailes antérieures d'un jaune d'ocre avec le bord inférieur un peu rosé, la tache de ces ailes est noire avec un cercle intérieur rouge arqué de blanc, rayure externe large, noire jusqu'au dessus de la nervure 6 ; sur les ailes inférieures la rayure externe est indiquée par une ligne étroite rose faiblement bordée de blanchâtre et la tache indiquée par un petit trait blanc auréolé faiblement de rose.

Femelle. Les ailes antérieures n'ont pas la marge incurvée. Le fond de ces ailes est d'un blanc terne non jaunâtre ; comme dans le mâle, les rayures ont la même forme et la même couleur, mais les poils dorés répandus à profusion dans le mâle sont rares dans ce sexe.

Ailes inférieures d'un gris légèrement rosé, se rembrunissant aux approches de la rayure externe ; zone externe d'un gris jaunâtre rembruni vers la marge, tache blanche, arquée, étroite, au centre d'un cercle rouge vineux auréolé de noir, rayure interne presque basale.

Antennes jaune fauve, corps gris brun, les segments annelés de noir. Le dessous est d'un gris plus jaunâtre.

GENRE. — **Bathyphlebia**.

FELD., *Reise de Nov. Lep.*, IV, 1874.

1. **Bathyphlebia aglia**, FELD., *Reise de Novara, Lep.* IV, pl. 87, fig. 1, 1874.

Patrie : Colombie.

Envergure : 13 centimètres. (Pl. XXIV, fig. 3.)

Corps d'un brun orangé, plus clair à l'extrémité de l'abdomen.

Ailes supérieures d'un brun jaunâtre dans la portion antérieure ; cette couleur devient graduellement presque jaune dans la portion inférieure. Rayure interne noire, nébuleuse ; rayure externe part de l'apex et descend sur le bord inférieur en décrivant un arc régulier, noire, accompagnée extérieurement de blanc rosé qui se répand un peu sur la surface de la zone externe ; en haut de cette rayure et contre la côte du côté interne se remarque un espace d'un jaune fauve. Tache de l'aile noire, légèrement et irrégulièrement bordée de jaune, ayant à son centre une ligne hyaline étroite.

Ailes inférieures : zones interne et médiane jaune fauve, externe plus foncée, brunâtre, rayure externe seule visible, noire accompagnée de squamules roses et de squamules grisâtres sur la zone externe ; frange de l'aile brune au contact des nervures ; jaunâtre dans les intervalles.

Muséum de Londres. Rare.

GENRE. — **Aglia**.

OCHSENHEIMER, *Schmett. Eur.*, III, p. II, 1810.

Palpes à dernier article en forme de hache et tourné en bas, à deuxième article très grand, droit et cylindrique.

SATURNIENS

Fig. 1.

Fig. 2.

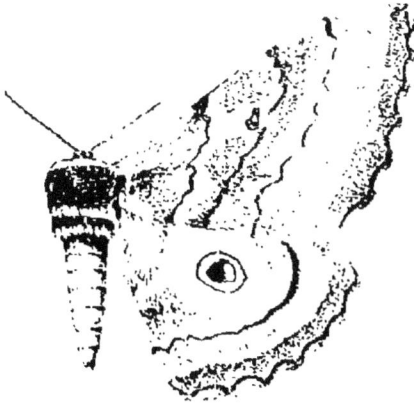

Fig. 3

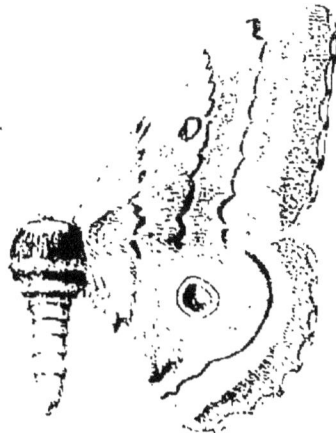

Fig. 4.

Fig. 1.   Gynanisa Ethra, Westw.
— 2   —   Isis, Westw.

Fig. 3   Gynanisa Maia, Klug., femelle.
— 4   —   Maia, Klug., mâle.

1. **Aglia Tau**, LINNÉ (*Bombyx T.*), *Syst. Nat*, I. p. 497, n° 7, 1758.

Aglia Tau, Vᵉ Lugens, *Stett. Ent. Zeit*, XVII, p. 318, 1836.
— Feranigra, Thierry Mieg, *Le Nat.*, VI, p. 437, 1884.
— Japonica, Leech, *Proc. Zool. soc. Lond*, 1888-1889.

Patrie : Europe, Asie septentrionale.
Envergure : mâle, 7 centimètres ; femelle 7 cm. 1/2 à 8 centimètres.
(Pl. XXIII, fig. 2 et 3.)

Mâle. D'un jaune fauve légèrement plus vif vers l'apex et sur les zones internes, la côte des ailes antérieures est blanchâtre vers l'apex; rayure interne obsolète ou très peu indiquée par une ligne jaune brun rougeâtre ; au delà de la tache, une ligne de cette même couleur, transversale ; rayure externe noire, étroite, festonnée entre les nervures ; tache de l'aile ronde, ayant au centre une portion blanche en forme de T au centre d'un cercle bleuâtre, devenant noir vers la circonférence ; sur le côté inférieur interne de la zone médiane se remarquent quelques poils noirs.

Ailes inférieures : mêmes caractères que les supérieures, mais la rayure externe est plus épaisse et plus nébuleuse sur son côté externe; la tache de l'aile est plus grosse.

Femelle. D'un jaune fauve pâle, antennes larges et longues simplement pectinées ; mêmes caractères que chez le mâle, seulement vers l'apex des deux ailes se remarque une portion subtriangulaire d'un blanc jaunâtre et la zone médiane, au delà de la tache, ainsi que la zone externe, sont parsemées de petits faisceaux de poils bruns. Les antennes sont unipectinées, à dents obtuses très courtes.

La variété *Feranigra* Thierry Mieg, qui se rencontre dans la Thuringe, est remarquable par sa couleur noir brun envahissant tantôt toutes les zones externes et d'autrefois envahissant en plus une portion de la zone médiane des ailes supérieures et la base des inférieures.

La chenille est verte, un peu chagrinée, avec les segments relevés en bosses sur le dos ; des lignes blanches, dont sept obliques sur les côtes et une raie longitudinale sur les stigmates qui sont fauves. Dans le jeune âge, ces lignes sont jaunes et le dos, au lieu de bosses, offre six épines longues, ayant l'extrémité rougeâtre et légèrement branchues.

Elle vit en juin, juillet et août sur un grand nombre d'arbres, te's que chêne, hêtre, charme, bouleau, tilleul, noisetier.

La chrysalide que renferme une coque très peu soyeuse, mélangée avec un peu de terre ,est d'une belle couleur marron et a l'anus terminé par un bouquet de poils raides, un peu crochus; elle passe l'hiver et éclôt au mois d'avril suivant ; on la trouve dans les bois de plaine, dans le Nord de la France et en Allemagne. On ne la rencontre aux environs de Lyon que sur les montagnes élevées : Pilat, Colombier, Grande-Chartreuse.

GENRE. — **Cercophana**.

FELD., *Verh. Zool. bot. Ges. Wien.*, XII, 1862.

1. **Cercophana venusta**, WALK *(Lonomia venusta), Cat. Lep. Het., B. M.*, p. 1705, 1856.

Eudelia rufescens, Phil. *Stett. ent. Zeit*, XXV, p. 91, 1864.
— — Maass et Weym, *Beit. Schmett.* fig. 75, 76.
— aristotellæ, Phil , *Linn. Ent.*, XIV, p. 286, 1860.
— aristotellæ, Maass et Weym, *Loc. cit.*, fig. 101, 102.
— volpes, Bull., *Trans. Ent. soc. London*, p. 18, 1882.
— daphnea, Maass et Wern, *Loc. cit.*, f. 103, 1885.

Patrie : Chili.

Envergure : mâle, 7 cm. 1/2 ; femelle, 8 centimètres. (Pl. XXV.)

Mâle. D'un jaune fauve clair vers la côte antérieure, ainsi que vers l'angle externe inférieur des premières ailes ; tout le restant de l'aile d'un jaune ferrugineux, rayure interne d'un brun rouge, coudée à son contact avec la nervure médiane ; tache hyaline blanche auréolée d'un anneau étroit brun rouge et avec un très petit point hyalin au centre. Au delà de cette tache, une ligne brun rouge traverse l'aile de la côte au bord inférieur ; au delà encore, une autre ligne plus étroite, mais festonnée entre chaque nervure ; les ailes sont échancrées et la frange de la marge est brun rougeâtre dans la portion rentrante.

Les ailes inférieures sont jaune fauve clair dans leur moitié antérieure et jaune ferrugineux dans l'autre moitié ; pas de rayure interne et pas de tache, seules les deux lignes brunes externes à la rayure sont indiquées sur ces ailes, mais l'externe est très faiblement festonnée ; on remarque sur ces ailes un prolongement en forme de queue, presque perpendiculaire à l'axe du corps.

Corps et antennes jaune fauve, ces dernières unipectinées, larges, à nombre d'articles supérieur à 40 ; palpes dépassant la tête à dernier article allongé. A la base des antennes se remarquent deux touffes de poils recouvrant l'article basilaire.

Femelle. D'un jaune fauve généralement plus clair, mais la base des premières ailes jusqu'au delà de la tache est teintée de rougeâtre. La ligne en feston de la rayure externe est peu accentuée, quelquefois même ses deux extrémités seules sont visibles. Les ailes inférieures ont une saillie latérale moins allongée que chez le mâle et la frange de ces ailes est brun rouge depuis le bord anal jusqu'au-dessus seulement de la saillie de l'aile. La tache de cette aile est réduite à un simple point rougeâtre, parfois obsolète. Antennes fauve pâle peu larges, unipectinées.

Cercophana aristoteliæ, Philippi, est une variété où les rayures sont à peine visibles, où la couleur rougeâtre ou ferrugineuse fait défaut ou à peu près et où la forme des ailes inférieures chez la femelle présente une saillie à peine sensible et quelquefois absente.

Cercophana aristoteliæ, Maassen et Wern, est une variété de couleur brun rougeâtre. La larve de cette espèce, d'après M. Butler *(Trans. Ent. Soc. London*, 1882, p. 103), est semblable à celle de *C. Frauenfeldi*, mais diffère par sa plus grande largeur et par la ligne élevée qui part du sommet sur le quatrième segment qui est de couleur bleu pâle à l'extrémité et blanche en dessous, au lieu de jaune dans *Frauenfeldi* ; par ladite ligne interrompue ou remplacée sur les côtés du cinquième segment par une triple et courte ligne dont l'extrémité est bleue, le milieu noir et le bas orange ; le reste de la ligne latérale jaune pâle vers l'extrémité et rose en dessous ; par le manque de points rougeâtres sur les troisième, quatrième et cinquième segments et par la ligne dorsale d'un vert plus pâle que celui du corps.

Elle se nourrit sur le « Maiten » *Maitenus Chilensis*.

Le cocon diffère de celui de *Frauenfeldi* par un aspect plutôt pyriforme qu'ovalaire. Il est aussi gris au lieu de jaunâtre.

La larve commence à tisser son cocon vers le 15 août.

Cet insecte n'est pas rare aux environs de Valparaiso en mars. Il se laisse facilement capturer près des lumières qui l'attirent.

2. Cercophana Frauenfeldi, FELDER, *Verh. Zool. Cat. Ges. Wien,* XII, p. 496, 1862; *Reise de Novara, Lep.* pl. 95, fig. 6, 1874.

Patrie : Chili.

Envergure : mâle, 7 cm.; femelle, 7 cm. 1/2. (Pl. XXIV, fig. 4 et 5.)

Mâle. Forme de *C. venusta.* Ailes supérieures gris jaune clair, un peu ferrugineux de la base à la rayure interne ; cette dernière un peu arquée, de couleur sépia clair ; à partir de cette rayure jusqu'à la marge la coloration devient d'un gris argenté très accentué sur la zone médiane, mais s'affaiblissant aux approches de la marge. Tache de l'aile brun clair, avec un petit point blanc central ; au delà de la tache, une première ligne transversale de couleur d'ocre rouge, accompagnée d'une autre couleur gris bleuâtre et enfin d'une dernière ligne festonnée entre chaque nervure de couleur brun sépia ; l'espace circonscrit par ces trois lignes est d'un gris plus rosé. Les ailes inférieures ont leur moitié antérieure de couleur gris fauve clair, l'autre moitié et surtout le prolongement latéral de l'aile de couleur roux ferrugineux. La tache de cette aile est plus grande, mais de couleur uniforme brun sépia ; au delà de la tache elle est accompagnée des trois lignes qui existent sur les ailes supérieures.

Femelle. D'une couleur plus foncée, la couleur jaune est remplacée par le fauve ferrugineux devenant plus foncé vers les zones externes ; sur les ailes supérieures, la tache est indistincte, sur les inférieures elle est plus visible. Le prolongement que l'on remarque sur les ailes du mâle manque sur les ailes de la femelle ; c'est à peine si l'on remarque sur leur pourtour une angulation obtuse à l'extrémité de la nervure 4.

Cette espèce se trouve communément aux environs de Valparaiso. La chenille vit sur le *Cryptocaria peumus,* en novembre. Les papillons paraissent en février-mars. Ils viennent quelquefois attirés par les lumières.

La larve est des plus singulières; elle ressemble à une chrysalide de *Papilio.* De couleur vert pomme, le quatrième segment se trouve prolongé en dessus par une espèce de bouclier pointu dépassant et couvrant la tête ; le dernier segment se prolonge aussi en une sorte de corne ; vue en dessus, elle a la forme d'un bouclier pointu à ses deux extrémités ; comme on le voit, ce caractère éloigne tout à fait cette

SATURNIENS

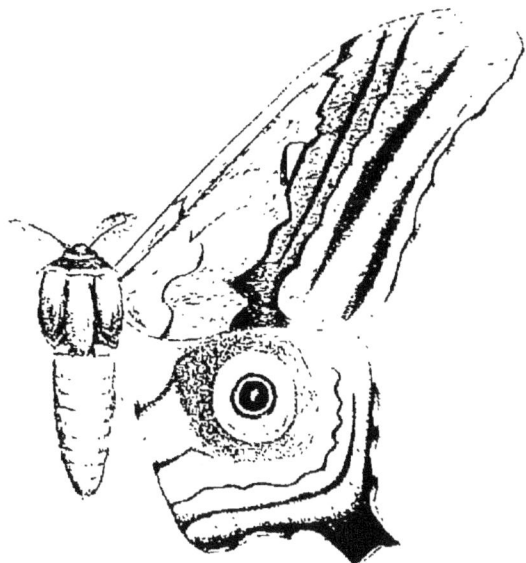

Fig. 1.

Fig. 2.

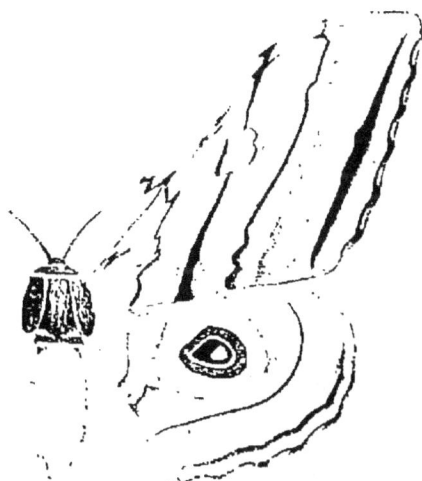

Fig. 3.

Fig. 1. *Gynanisa giges*, South.
2. — *semialba*, South.
— 3. — *albescens*, South.

chenille de celles des autres Saturnides. Les segments 2 et 3 ont une tache rose pâle sur le milieu ; une raie jaune latérale borde l'écusson formé par les autres segments ; les stigmates sont noirs et elliptiques ; les segments 5 et 6 ont aussi une ligne dorsale rose pâle.

Le cocon mesure environ 2 centimètres de longueur, est presque cylindrique, très résistant, de couleur gris jaunâtre. On le trouve fixé contre les brindilles des arbres nourriciers.

Genre. — **Usta.**

Wallengr, *Wien., Ent. Mon.* VII, p. 142, 1863.

1. **Usta Wallengrenii**, Feld. *(Saturnia W.)*, *Wiener Entomologische Monatschrift*, 1859, p. 323, pl. 6, fig. 2.

Patrie : Cafrerie, Angola.

Envergure : femelle, 9 centimètres. (Pl. VII, fig. 1.)

Antennes fauves simplement pectinées, à barbules minces, tête et thorax blancs, abdomen de couleur fauve maculé indistinctement de rougeâtre. Ailes antérieures : fond blanc jaunâtre, lavé de fauve rougeâtre vers le bord antérieur surtout ; rayure interne anguleuse brune, étroite, zone médiane chargée de squamules d'un brun gris du côté de la rayure externe qui est d'un brun noir, très étroite, festonnée entre chaque nervure ; zone externe blanche du côté de la rayure externe devenant très foncée près de la marge, mais en laissant exister contre celle-ci des festons blancs. La tache hyaline a la forme d'un demi-cercle allongé, elle se trouve au milieu d'un cercle jaune brunâtre, laissant un gros arc blanc sur le côté interne, celui-ci liséré d'un anneau noir. Les ailes inférieures sont plus blanches, la rayure interne nulle, l'externe faible, non festonnée, mais la marge existe comme sur les ailes supérieures, des festons blancs entre chaque nervure.

Tache des ailes antérieures en demi-cercle allongé, le centre brun laissant un arc blanc sur son côté interne, enveloppé largement de jaune et cerclé finement de noir ; ces ailes sont presque toutes saupoudrées d'écailles brunes. Les ailes inférieures sont blanches à la base, se chargeant graduellement de brun aux approches de la rayure externe, la tache est semblable à celle des ailes supérieures, mais le demi-cercle brun du milieu est plus petit, l'anneau jaune plus large et l'anneau noir plus épais, son contour se fondant avec le fond.

2. Usta angulata, W. ROTHSCHILD, *Nov. Zool.*, II, p. 50, pl. X, fig. 5.

Patrie : Mombasa.

Envergure : mâle, 9 cm. 1/2. (Pl. VII, fig. 2.)

Très voisine de *Wallengrenii*, n'en diffère que par la rayure externe des ailes antérieures dont les festons sont beaucoup plus profonds et irréguliers, vers le bord inférieur surtout, les festons rentrent très fortement dans la zone médiane, la rayure interne aussi est un peu différente et la coloration foncière plus sombre.

Nous inclinons à ne la considérer que comme une variété de la précédente.

Collection W. Rothschild.

GENRE. — **Caligula.**

MOORE, *Trans. Ent. Soc. Lond. (3)*, p. 321, 1862.

Ailes recouvertes de squamules avec taches hyalines étroites et arquées. Sur les ailes inférieures, ces taches sont entourées d'un cercle sombre.

1. Caligula japonica, BUTLER, *Ann. nat. Hist. 4.* XX. p. 479. (1877). *Lep. Het. B. M.* II. p. 16, pl. 26, fig. 2, (1878).

Caligula Regina, *Staud. List.*

— **Kurimuschi.**

Patrie : Japon.

Envergure : 12 à 14 centimètres. (Pl. VII, fig. 3.)

Forme plus petite de *C. Simla*, mais coloration différente et surtout très variable ; on rencontre toutefois quelques individus de coloration tout à fait semblable à celle de *Simla*, mais la couleur généralement dominante est le jaune brun verdâtre, qui varie jusqu'au jaune orangé.

L'ornementation est tout à fait la même, il est probable que ce n'est qu'une race locale de *Simla*, quoique cette dernière espèce localisée dans le nord-ouest de l'Himalaya ne varie ni dans sa taille, ni dans sa coloration. Le cocon est également semblable, de forme et de texture, à ceux de cette dernière espèce, mais de couleur plus claire ; ils ne peuvent être utilisés par la filature directe et sont trop faibles en soie pour être utilisés avantageusement par le cardage. La chenille vit sur le *Juglans Mantschourica,* le papillon éclôt au Japon en septembre.

Cette chenille peut s'élever très facilement dans nos contrées sur le chêne ordinaire, *Quercus sessiliflora.* Voici le résultat d'une éducation faite à Lyon dans notre Laboratoire, en 1898.

L'éclosion a eu lieu le 10 mai. Les chenilles sont complètement noires pendant toute la durée du premier âge, du 10 mai au 19 mai. Après la première mue, de petits poils blancs apparaissent sur la surface du corps qui reste noire. Dix jours après, le 20 mai, les chenilles sortent de leur deuxième sommeil, leur dos couvert de grands poils blancs, tandis que le dessous du corps et les côtés, ainsi que les pattes membraneuses sont d'un jaune verdâtre clair.

Vers le 7 juin, la chenille sort pour la troisième fois de sa dépouille devenue trop étroite et apparaît toute transformée dans sa nouvelle et resplendissante parure. Le dos, vu à travers les longs poils blancs qui hérissent sa surface, est d'un blanc pur, légèrement bleuté, et il présente trois rangées longitudinales de tubercules légèrement rosés, sur les flancs les stigmates sont auréolés d'un anneau d'un bleu de ciel vif, le dessous du ventre est jaune verdâtre, finement pointillé de noir et de marron jusqu'aux extrémités des pattes membraneuses qui sont cerclées d'un anneau brun, les pattes écailleuses et la portion inférieure de la tête sont de teinte brun rougeâtre.

Le 16 juin, la chenille, sans changer d'aspect extérieur, entre dans le cinquième et dernier âge de sa vie larvaire. C'est celui dont la durée est la plus longue, quinze jours environ, tandis que la durée de chacun des quatre premiers âges est en moyenne de neuf jours.

Les résultats de cette éducation, ainsi que les propriétés de la soie ont été mentionnés dans le dixième volume des *Annales* de notre Laboratoire, par M. D. Levrat.

2. Caligula Simla, WESTWOOD *(Saturnia S.), Cab. Or. Ent.* p. 41, pl. 20, fig. 1, 1848.

Antheræa, S. Walker, *Cat. Lep. Het. B. M.,* p. 1249, II, 1855.

Patrie : Nord de l'Inde (environs de Darjiling).
Envergure : 12 à 15 cm. 3/4. (Pl. VII, fig. 4 et 5.)
Mâle. Tête et thorax d'un brun rougeâtre clair, collier antérieur et

bordure postérieure du thorax de couleur grise ; le premier segment de l'abdomen est de couleur brun rouge bordé postérieurement de gris, le reste de l'abdomen d'un fauve rosé. Antennes longues bien plumeuses, de couleur jaune brun ; ailes antérieures fortement échancrées sur leur marge, côte grise, zone interne brune comme le thorax, rayure interne n'atteignant pas le bord antérieur de l'aile et brisée vers sa rencontre avec la nervure médiane, de couleur rouge brun, zone médiane traversée par une ligne brune un peu nébuleuse, descendant de la côte jusque près de la base de la rayure interne en étant tangente antérieurement à la tache ocellée, la moitié interne de cette zone de couleur gris rosé, l'autre moitié d'un brun rougeâtre plus rosé près de la côte, plus jaune près du bord inférieur ; rayure externe formée de deux lignes parallèles, légères, fortement festonnées entre chaque nervure ; elles se terminent vers la côte antérieure par deux taches, l'une brune, l'autre noire. Tache de l'aile diaphane, arquée, étroite, au centre d'un ovale de couleur jaune terne entouré d'un anneau noir extérieurement, rouge intérieurement. Cette dernière couleur rehaussée d'un arc de squamules blanches.

Ailes inférieures, moitié antérieure rose clair, moitié anale brun rouge, rayure interne curvée, rouge brun, externe composée de deux lignes festonnées brunes ; zone externe brun rouge, marge d'un jaune livide, la tache ocellée sur ces ailes est beaucoup plus large, l'arc hyalin est accompagné d'un demi-cercle extérieur noir, le tout entouré d'un anneau jaune, et enfin auréolé largement de pourpre noirâtre.

Femelle. Ailes antérieures à peine incurvées sur leur marge.

Antennes étroites. Coloration semblable à celle du mâle.

Les cocons de cette espèce sont de couleur gris brun, largement ajourés, laissant voir la chrysalide dans l'intérieur.

Collection du Laboratoire.

3. **Caligula Cachara**, Moore, *Proceed. Zool. Soc.* 1872, p. 587.

Patrie : Cachar.

Envergure : 9 à 10 cm. 1/2. (Pl. VIII, fig. 1.)

Diffère de *C. Simla* par la coloration qui est d'un brun jaune terreux, sauf la zone externe qui devient brun jaunâtre ombré. Les taches sont arrondies, l'arc hyalin se trouve au centre d'un cercle de couleur chair, bordé sur son côté interne de rose et sur son côté externe de noir ; les deux lignes en festons sont de couleur noirâtre ; sur les ailes inférieures, la tache auréolée plus large a son anneau externe noir d'un côté et rouge de l'autre. La rayure interne est absente ou elle n'est représentée que vers la côte antérieure par une ligne nébuleuse ne dépassant pas la nervure médiane. Sur les ailes inférieures, les deux lignes noirâtres en festons sont accompagnées par une ligne submarginale festonnée, blanchâtre.

Le collier antérieur du thorax et la côte des ailes sont parsemés de squamules d'un gris violacé.

Genre. — **Urota**.

Westw., *Proc. Zool. Soc. Lond.*, 1849, p. 60.

1. **Urota Sinope**, Westwood, *Proceed. Zool. Soc. London*, 1849, p. 60, fig. 3.

Saturnia Sinopa, Herr Shäff, *Aussereurop. Schmett*, I, fig. 94, 1854.

Patrie : Natal.

Envergure : mâle, 7 centimètres. (Pl. XVII, fig. 2.)

Mâle. Antennes pas très longues, simplement pectinées et à plus de quarante articles de couleur fauve brun ; palpes invisibles, thorax et abdomen d'un jaune d'ocre rougeâtre uniforme, qui est aussi la couleur foncière.

Ailes inférieures avec rayure interne droite, légèrement ondulée dans sa partie inférieure, formée de trois lignes parallèles brun foncé, séparées par deux bandes d'un blanc terne ; rayure externe semblable; tache de l'aile petite, blanc terne, auréolée de brun. Les ailes inférieures ont un prolongement latéral dont la nervure 4 atteint le sommet ; rayure interne absente ; externe uniformément blanc terne ; sur les zones interne et médiane, le fond de l'aile est recouvert de poils d'un rose jaunâtre ; zone externe rosâtre près de la rayure, devient graduellement de couleur ocre rouge pur vers la marge ; tache comme sur l'aile supérieure, mais un peu plus petite.

Le dessous des ailes présente la même ornementation, mais les ailes supérieures sont d'un jaune plus pâle et la rayure externe seule est indiquée, ainsi que la tache blanchâtre ; les ailes inférieures sont d'un blanc terne, mélangé de poils d'un brun vineux près de la base et qui deviennent graduellement de couleur ocre vers la marge.

11

Femelle. Antennes un peu moins larges et moins longues, même coloration ; les ailes inférieures ont une saillie très faible. Cette espèce varie du fauve jaune plus ou moins rougeâtre au fauve brun. Chez certains sujets, les deux rayures ont une tendance à s'élargir à leurs deux extrémités et se réunissent quelquefois vers la côte et vers le bord inférieur.

Collection du Laboratoire. Espèce assez répandue dans les collections.

INDEX ALPHABÉTIQUE

DES GENRES ET DES ESPÈCES DÉCRITS

TABLE DES PLANCHES DE LÉPIDOPTÈRES

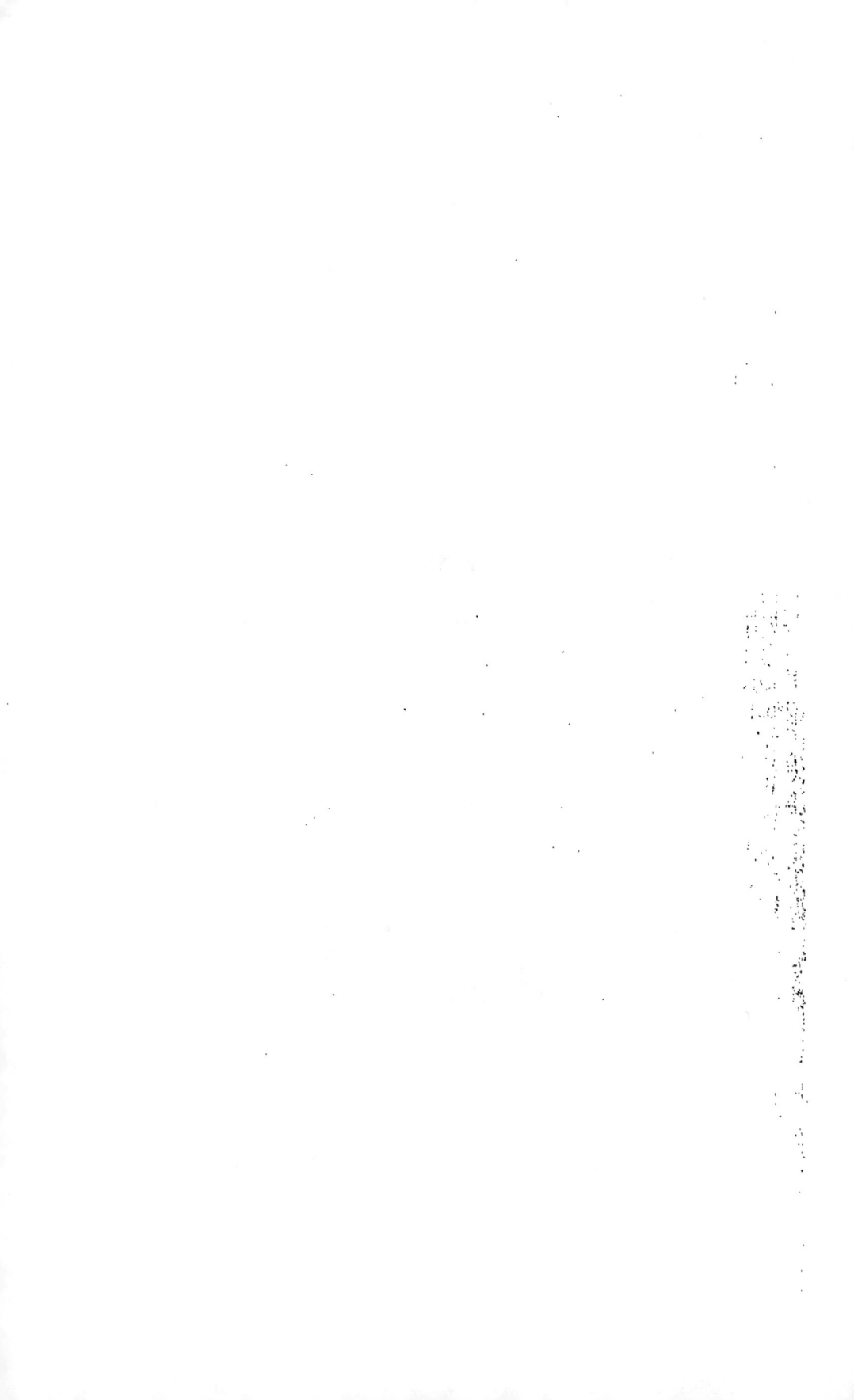

Manquent les fascicules 5, 6, 7, 8 et 9